中学基礎がため100%

でき

中2理科

物質・エネルギー（第1分野）

KUM◯N

中2理科 物質・エネルギー（1分野） 本書の特長と使い方

本シリーズは，基礎からしっかりおさえ，十分な学習量によるくり返し学習で，確実に力をつけられるよう，各学年2分冊にしています。「**物質・エネルギー（1分野）**」と「**生命・地球（2分野）**」の2冊そろえての学習をおすすめします。

◆ 本書の使い方　※ **1** **2** …は，学習を進める順番です。

1 **単元の最初でこれまでの復習。**

「復習」と「復習ドリル」で，これまでに学習したことを復習します。

2 **各章の要点を確認。**

左ページの「学習の要点」を見ながら，右ページの「基本チェック」を解き，要点を覚えます。基本チェックは要点の確認をするところなので，配点はつけていません。

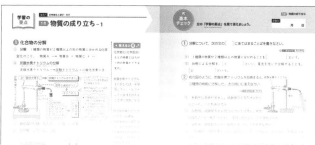

3 **3ステップのドリルでしっかり学習。**

「基本ドリル（100点満点）」・
「練習ドリル（50点もしくは100点満点）」・
「発展ドリル（50点もしくは100点満点）」の3つのステップで，くり返し問題を解きながら力をつけます。

4 **最後にもう一度確認。**

「まとめのドリル（100点満点）」・
「定期テスト対策問題（100点満点）」で，最後の確認をします。

中2理科｜目次　物質・エネルギー（1分野）

中2理科 生命・地球のご案内

単元 1
生物のつくりとはたらき

単元 2
動物のからだと行動

単元 3
気象

復習✓ 中1で学習した「物質の性質」「気体の性質」「水溶液」

1 物質の性質

① **物質** 形や大きさ，使う目的に関係なく，物体をつくっている材料となるもの。

② **有機物** 砂糖やデンプンなどのように炭素をふくみ，熱すると炭になったり，燃えて二酸化炭素や水ができたりする物質。 例 砂糖，ロウ，プラスチック，木など。

③ **無機物** 食塩や金属などのように，熱しても有機物のような現象が起こらない有機物以外の物質。 例 食塩，ガラス，鉄，アルミニウム，酸素，水など。

④ **金属** 金属には，金属特有の光沢があり，電気や熱をよく通す，たたくと広がり引っぱるとのびるなどの共通の性質がある。

⑤ **非金属** 金属以外の物質。

⑥ **密度** 物質 1 cm^3 あたりの質量。

⑦ **状態変化** 温度によって物質の状態が，固体⇄液体⇄気体と変わること。

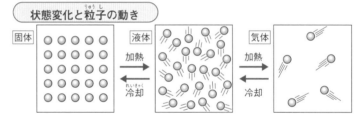

2 気体と水溶液

① **気体の性質** おもな気体の性質を比較すると，次のようになる。

気体	色	におい	水へのとけ方	1Lの質量(20℃) 〔空気を1としたときの質量〕	燃焼	そのほかの性質
二酸化炭素	無色	なし	少しとける (水溶液は酸性)	1.84 g〔1.53〕	燃えない	石灰水を白くにごらせる。
酸素	無色	なし	とけにくい	1.33 g〔1.11〕	燃えない	ものを燃やすはたらきがある。
水素	無色	なし	とけにくい	0.08 g〔0.07〕	よく燃える	最も密度が小さい気体。 空気中で燃えて水になる。
アンモニア	無色	特有な刺激臭	よくとける (水溶液はアルカリ性)	0.72 g〔0.60〕	燃えない	水溶液はフェノールフタレイン溶液で赤くなる。
窒素	無色	なし	とけにくい	1.16 g〔0.97〕	燃えない	ふつうの温度では反応しにくい。

② **水溶液** 物質（溶質）が水（溶媒）にとけた液のこと。

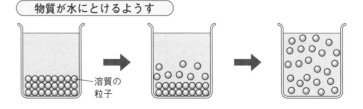

4

1️⃣ 右の図のように，小麦粉を集気びんの中で燃やした。次の問いに答えなさい。

(1) しばらくすると，集気びんの内側が白くくもった。これは燃えることによって，何ができたからか。 〔　　　　　　　〕

(2) 燃焼さじをとり出してから，集気びんに石灰水を入れてよくふると，石灰水が白くにごった。これは燃えて，何ができたからか。 〔　　　　　　　〕

(3) 小麦粉のように，燃えて(1)，(2)ができる物質を何というか。
〔　　　　　　　〕

思い出そう

◀有機物は燃えると，二酸化炭素と水ができる。

2️⃣ 次の①～④の説明にあてはまる気体を，下のア～エから選び，記号で答えなさい。

① 空気中に体積の割合で，約80％ふくまれている。〔　　　〕

② 気体の中で，最も密度が小さい。 〔　　　〕

③ 物質を燃やすはたらきがある。 〔　　　〕

④ 石灰水の中に通すと，石灰水を白くにごらせる。〔　　　〕

　ア　二酸化炭素　　イ　窒素　　ウ　酸素　　エ　水素

◀気体の中で最も密度が小さい気体は，燃えると水ができる。

3️⃣ ビーカーに入れた水に砂糖を加えて，完全にとかして砂糖水をつくった。次の問いに答えなさい。

(1) 水にとけている砂糖のような物質のことを何というか。 〔　　　　　　　〕

(2) 砂糖をとかしている水のような液体のことを何というか。
〔　　　　　　　〕

(3) 砂糖水をしばらく放置しておくと，底の方が濃くなってくるか。 〔　　　　　　　〕

◀物質が水にとけた液を水溶液といい，水溶液は，濃さがどこも均一な透明な液である。

1章 物質の成り立ち −1

❶ 化合物の分解

① **分解** 1種類の物質が2種類以上の別の物質に分かれる化学

変化のこと。　物質A ⟶ 物質B ＋ 物質C ＋ …

② **炭酸水素ナトリウムの分解**
→加熱すると3種類の物質に分かれる。

炭酸水素ナトリウム ⟶ 炭酸ナトリウム＋二酸化炭素＋水
→水にとけて強いアルカリ性を示す。

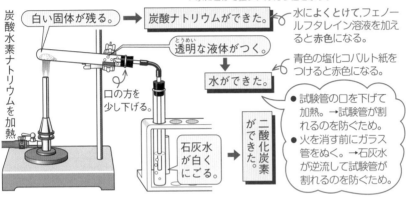

炭酸水素ナトリウムを加熱

白い固体が残る。 → 炭酸ナトリウムができた。

水によくとけて,フェノールフタレイン溶液を加えると赤色になる。

透明な液体がつく。

口の方を少し下げる。

水ができた。

青色の塩化コバルト紙をつけると赤色になる。

● 試験管の口を下げて加熱。→試験管が割れるのを防ぐため。
● 火を消す前にガラス管をぬく。→石灰水が逆流して試験管が割れるのを防ぐため。

石灰水が白くにごる。

二酸化炭素ができた。

③ **酸化銀の分解**　酸化銀 ⟶ 銀 ＋ 酸素
　　　　　　　　　　　　→黒色の粉末　　→白色,たたくとのび,みがくと光沢のある銀色。

④ **熱分解**　加熱による分解。
　　　　　　　→炭酸水素ナトリウムの分解,酸化銀の分解など。

❷ 水の電気分解

① **水の電気分解**　水に電流

を流すと，水は分解されて

陰極に水素，陽極に酸素が
→−極側　　　→＋極側

発生する。

水 ⟶ 水素 ＋ 酸素

● **体積比**…発生する体積比

は，水素：酸素＝2：1

● **単体と化合物**…これ以上
　　　　　　　　　　　　→水素や酸素,
ほかの物質に分解するこ
銀など。
とができない物質は単体,

分解できる物質は化合物。
→水,酸化銀,炭酸水素ナトリウムなど。

水の電気分解

水素　　酸素

水酸化ナトリウムをとかした水

陰極　陽極

電源装置

陰極側

マッチの火

気体が燃える。

陽極側

火のついた線香

線香が激しく燃える。

化学変化(化学反応)もとの物質とはちがう別の物質ができる変化。

炭酸水素ナトリウム水に少しとけ，水溶液にフェノールフタレイン溶液を加えるとうすい赤色になる。

固体を加熱したとき水が生じる実験
水が加熱部に流れると，急に冷やされて試験管が割れるので,試験管の口を少し下げて加熱する。

水酸化ナトリウムを加える理由
水に電流が流れやすくするため(純粋な水は電流が流れにくい)。

水酸化ナトリウム水溶液が皮膚についたらすぐに大量の水で洗い流すこと。

基本
チェック
左の「学習の要点」を見て答えましょう。

学習日　　　月　　日

① 分解について，次の文の〔　　〕にあてはまることばを書きなさい。

《《《 チェック　P.6 ❶ ❷

(1) １種類の物質が２種類以上の物質に分かれることを〔　　　　　　　〕という。

(2) 加熱による分解を，〔①　　　　　　　〕といい，電流を流して分解することを，
〔②　　　　　　　〕という。

② 右の図のように，炭酸水素ナトリウムを加熱すると，
３種類の物質に分解した。次の問いに答えなさい。

《《《 チェック　P.6 ❶

(1) 加熱中に気体が発生し，試験管Bの石灰水が白く
にごった。この気体は何か。〔　　　　　　　　〕

(2) 加熱後，試験管Aの口付近についた液体に，青色
の塩化コバルト紙をつけると，赤色に変化した。この液体は何か。〔　　　　　〕

(3) 加熱後，試験管Aに白い固体が残った。この物質は何か。〔　　　　　〕

(4) (3)の物質と炭酸水素ナトリウムでは，どちらが水によくとけるか。物質名で答
えなさい。
〔　　　　　　　　　〕

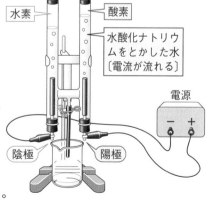
炭酸水素ナトリウム

A
液体
B
石灰水

③ 右の図は，電流を流すことによって水を分解する装置を表したものである。次
の文の〔　　〕にあてはまることばを書きなさい。

《《《 チェック　P.6 ❷

(1) この実験で，水に水酸化ナトリウムをとかし
ておくのは，水に〔　　　　　　　〕が流れやすく
するためである。

(2) 右の図で，電源の＋極側につないだ電極を
〔①　　　　　　　〕といい，電源の－極側につない
だ電極を〔②　　　　　　　〕という。

(3) 水に電流を流すと，陰極に〔①　　　　　　〕
が発生し，陽極に〔②　　　　　　　〕が発生する。

(4) この実験のように，物質に電流を流して分解することを〔　　　　　　　〕とい
う。

水素　　酸素
水酸化ナトリウ
ムをとかした水
〔電流が流れる〕
電源
－　＋
陰極　　陽極

学習の
要点

1章 物質の成り立ち－2

❸ 原子と分子

① **原子** 物質をつくっていて，それ以上分けられない小さな粒子。
↳ドルトンが原子説を唱えた。

● 原子の性質…①化学変化でそれ以上分けられない。

②化学変化でなくなったり，新しくできたり，ほかの種類の原子に変わったりしない。

③種類によって，質量や大きさが決まっている。
↳110種類以上存在。 ↳水素原子の直径は約1億分の1cm。

② **分子** 物質の性質を示す最小の粒子。
↳アボガドロが分子説を唱えた。

● 分子の種類…1種類の原子からできている分子と，2種類以上の原子からできている分子がある。

❹ 原子や物質を記号で表す

① **元素記号** 物質を構成する原子の種類は，記号で表される。原子の種類を元素といい，それらを表す記号を元素記号という。

いろいろな元素記号

元素	元素記号	元素	元素記号
水素	H	鉄	Fe
酸素	O	銅	Cu
窒素	N	銀	Ag
塩素	Cl	マグネシウム	Mg

② **周期表** 原子番号の順に並べて，元素の性質を整理した表。

③ **化学式** 物質の成り立ちを元素記号で表した式。
↳原子の種類と数の割合。

● 分子をつくる物質の化学式…1つの分子中の原子の種類と数を表す。

● 分子をつくらない物質の化学式…単体では原子の種類を表す。化合物では原子の種類と数の割合を表す。
金属など。
原子どうしは決まった割合で結びつく。

いろいろな物質の化学式

物質	化学式
水素	H_2
酸素	O_2
水	H_2O
二酸化炭素	CO_2
塩化ナトリウム	NaCl
鉄	Fe
銅	Cu
酸化銅	CuO
酸化銀	Ag_2O
硫化鉄	FeS

● 化学式の書き方

水分子 H_2O

物質をつくる原子の種類を，元素記号で書く。

原子の数は記号の右下に小さく書く。

原子の数が1個のときは，1を省略する。

✦ **覚えると得** ✦

1種類の原子からできている分子
水素，酸素など。
2種類以上の原子からできている分子
水，二酸化炭素，アンモニアなど。

化合物の化学式の書き方

原則として，金属原子を先に書く。非金属原子では，C→N→H→Cl→Oの順に書く。

⟨例⟩ MgO, H_2O
CO_2, HCl
塩化水素

⚠ **ミスに注意**

○気体は，ふつう分子になっているものが多い。水素という物質を表すときは，化学式でH_2と書く。Hと書くと，水素原子を表すことになる。

基本
チェック　左の「学習の要点」を見て答えましょう。

④ 原子と分子について，次の文の〔　〕にあてはまることばを書きなさい。

≪ チェック　P.8 ③④

(1) 物質をつくっていて，それ以上分けられない小さな粒子を〔　　　　　〕という。

(2) 物質の性質を示す最小の粒子を〔　　　　　〕という。

(3) 原子は，種類によって〔①　　　　　〕や〔②　　　　　〕が決まっている。

(4) 鉄原子は，銅原子に変わることが〔　　　　　〕。

(5) 物質を構成する原子の種類は，記号で表される。原子の種類を〔①　　　　　〕といい，それらを表す記号を〔②　　　　　〕という。また，原子番号の順に並べて，①の性質を整理した表を〔③　　　　　〕という。

種類によって質量と大きさが決まっている。

種類がちがうと質量も大きさもちがう。

鉄　鉄 ✕ 銅
原子　変化しない。　原子

酸素 ✕ ◯ ✕ 酸素
なくならない。　新しくできない。

⑤ 次の問いに答えなさい。

≪ チェック　P.8 ④

(1) 次の①～⑥の元素記号を書きなさい。

① 水素　〔　　　　　〕　② マグネシウム　〔　　　　　〕

③ 銅　〔　　　　　〕　④ 窒素　〔　　　　　〕

⑤ 酸素　〔　　　　　〕　⑥ 鉄　〔　　　　　〕

(2) 次の①～④の物質の化学式を書きなさい。

① 水　〔　　　　　〕　② 水素　〔　　　　　〕

③ 鉄　〔　　　　　〕　④ 二酸化炭素　〔　　　　　〕

(3) 次の①～④の化学式で表される物質は何か。その物質名を書きなさい。

① $NaCl$　〔　　　　　〕　② CuO　〔　　　　　〕

③ FeS　〔　　　　　〕　④ Ag_2O　〔　　　　　〕

学習の要点

1章 物質の成り立ち −3

5 単体と化合物

① **単体** 1種類の元素からできている物質。

② **化合物** 2種類以上の元素からできている物質。

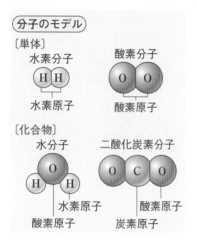

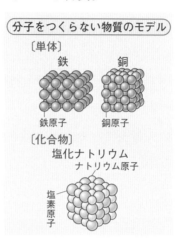

✦ 覚えると得 ✦

水の状態変化と化学
変化のモデル

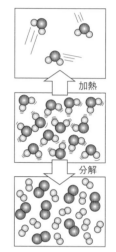

6 物質の分類

物質

水素(H_2)，酸素(O_2)，鉄(Fe)，銅(Cu)，水(H_2O)，二酸化炭素(CO_2)，
塩化ナトリウム($NaCl$)，酸化銅(CuO)，食塩水（$NaCl$とH_2O）

混合物	純物質（純粋な物質）
食塩水（$NaCl$と H_2O）	水素(H_2)，酸素(O_2)，鉄(Fe)，銅(Cu)，水(H_2O)，二酸化炭素(CO_2)，塩化ナトリウム($NaCl$)，酸化銅(CuO)

単体	化合物
H_2, O_2, Fe, Cu	H_2O, CO_2, $NaCl$, CuO

基本
チェック　　左の「学習の要点」を見て答えましょう。

⑥ 下の図を参考に，次の文の〔　〕にあてはまることばを書きなさい。

チェック P.10 ⑤

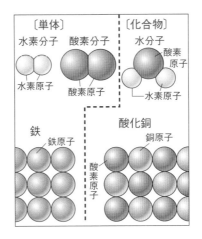

〔単体〕　　　　　〔化合物〕
水素分子　酸素分子　　水分子
　　　　　　　　　　　　　酸素原子
水素原子
　　　　酸素原子　　　　水素原子

鉄　　　　　　酸化銅
鉄原子　　　　銅原子

酸素原子

水素や酸素のように，１種類の元素からできている物質を〔① 　　　　　〕とい
い，水のように，２種類以上の元素からできている物質を〔② 　　　　　〕という。

⑦ 下の図は，物質の分子のモデルである。次の問いに答えなさい。

チェック P.10 ⑥

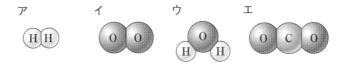

ア　　　　　イ　　　　　ウ　　　　　エ
HH　　　O O　　　O H H　　　O C O

(1) 上の図のア～エの分子のモデルが示す物質は何か。それぞれ物質名で答えなさ
い。

　　　　　ア〔　　　　　〕　　イ〔　　　　　〕
　　　　　ウ〔　　　　　〕　　エ〔　　　　　〕

(2) ア～エの物質について，それぞれ化学式で答えなさい。

　　　　　ア〔　　　　　〕　　イ〔　　　　　〕
　　　　　ウ〔　　　　　〕　　エ〔　　　　　〕

(3) ア～エの物質から，単体であるものをすべて選び，記号で答えなさい。

　　　　　　　　　〔　　　　　〕

1章 物質の成り立ち

1 右の図のように，酸化銀（銀と酸素の化合物）を加熱すると，気体が発生し，加熱後の試験管Aの中には，白色の固体が残った。次の問いに答えなさい。

《 チェック P.6 ❶ 》 （各4点×4 **16**点）

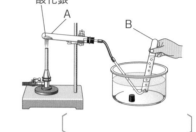

酸化銀

(1) 酸化銀の色を，下の{ }の中から選んで書きなさい。　〔　　　　　　　　　〕

{ 赤色　青色　黒色 }

(2) 試験管Aの中に残った白い固体は何か。　〔　　　　　　　　　〕

(3) 試験管Bに集めた気体に，火のついた線香を入れると，線香が激しく燃えた。このことから，試験管Bに集まった気体は何か。　〔　　　　　　　　　〕

(4) 酸化銀を加熱すると，白い固体と気体に分かれる。このような化学変化を何というか。　〔　　　　　　　　　〕

2 水を電気分解すると，陰極に水素，陽極に酸素が発生する。右の図のような装置で，水に電流を流したところ，気体が発生した。次の問いに答えなさい。《 チェック P.6 ❷ 》（各4点×6 **24**点）

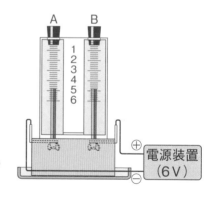

(1) 物質に電流を流して分解することを何というか。　〔　　　　　　　　　〕

(2) A，Bに集まった気体はそれぞれ何か。気体名を答えなさい。

A〔　　　　　　　〕　B〔　　　　　　　〕

(3) Aに集まった気体に，火のついたマッチを近づけるとどうなるか。簡単に答えなさい。　〔　　　　　　　　　〕

(4) Bに集まった気体に，火のついた線香を近づけてみた。このとき，線香はどうなるか。簡単に答えなさい。　〔　　　　　　　　　〕

(5) 水のように，2種類以上の物質に分解できる物質を何というか。

〔　　　　　　　　　〕

3 右の図を参考に，次の問いに答えなさい。

《 チェック P.10 ❺ ❻ 》 （各4点×6 ㉔点）

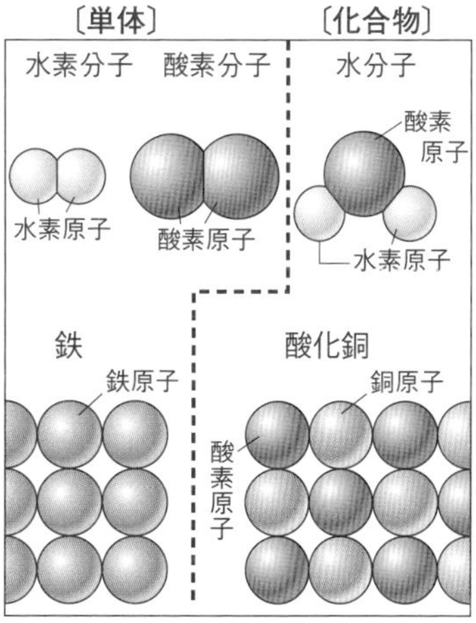

(1) 水素分子は，水素原子が何個結びついてできているか。 〔　　　　　〕

(2) 酸素分子は，酸素原子が何個結びついてできているか。 〔　　　　　〕

(3) 水分子は，水素原子何個と酸素原子何個が結びついてできているか。　　水素原子〔　　　　　〕

　　酸素原子〔　　　　　〕

(4) 鉄は金属である。鉄は何種類の原子からできているか。 〔　　　　　　　　　〕

(5) 酸化銅は，酸素原子と銅原子が1：1の個数の比で結びついてできている。酸化銅は，化合物か，単体か。 〔　　　　　　　　　〕

4 原子の種類を，アルファベットの1文字，または2文字で表したものを元素記号という。右の図は，分子や，分子をつくらない物質のモデルを，元素記号を入れて表したものである。図を参考に，次の問いに答えなさい。

《 チェック P.8 ❹ 》 （各3点×12 ㊱点）

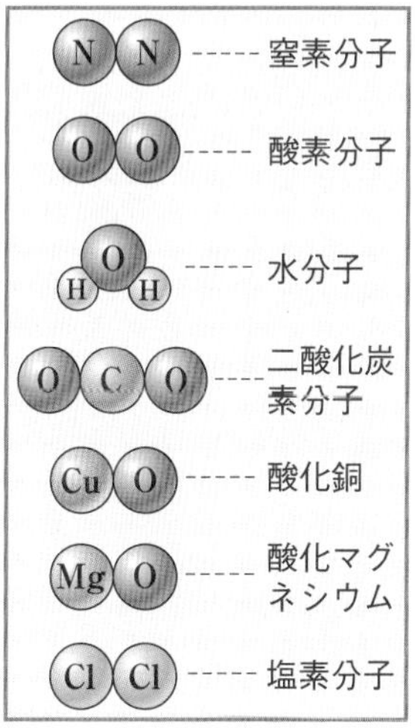

(1) 例にならって，次の①～⑥の元素記号を書きなさい。

〔例〕 窒素（ちっそ） 〔 N 〕

① 酸素 〔　　　　〕 ② 塩素 〔　　　　〕

③ 炭素 〔　　　　〕 ④ 水素 〔　　　　〕

⑤ マグネシウム 〔　　　　〕 ⑥ 銅 〔　　　　〕

(2) 次の①～④の化学式で表される物質は何か。その物質名を書きなさい。

① H_2O 〔　　　　　〕 ② CO_2 〔　　　　　〕

③ MgO 〔　　　　　〕 ④ CuO 〔　　　　　〕

(3) 次の①，②の物質の化学式を書きなさい。

① 酸素 〔　　　　　〕 ② 水 〔　　　　　〕

1章 物質の成り立ち

1 右の図のように，炭酸水素ナトリウムを加熱すると，集気びんに気体Xが集まった。加熱後，試験管の中には白色の固体が残り，試験管の口の部分には水滴（すいてき）がついていた。次の問いに答えなさい。(各5点×11 **55**点)

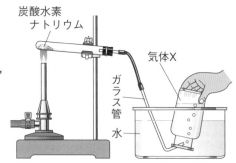

炭酸水素ナトリウム
気体X
ガラス管
水

(1) この実験で，試験管の口を少し下げて加熱する理由を述べた，次の文の〔　〕にあてはまることばを書きなさい。

生じた〔① 　　　〕が加熱部に流れて，試験管が〔② 　　　〕のを防ぐため。

(2) この実験で，炭酸水素ナトリウムは何種類の物質に分かれたか。〔　　　〕

(3) 炭酸水素ナトリウムは，何という化学変化をしたか。〔　　　〕

(4) 集気びんに集まった気体Xの中に火のついた線香（せんこう）を入れると，火はどうなるか。

〔　　　　　　　　　　〕

(5) 集気びんに集まった気体Xを石灰水に通すと，石灰水はどうなるか。

〔　　　　　　　　　　〕

(6) 試験管の口の部分についた液体が，水であることを確認するとき，使うものは何か。下の{　}の中から選んで書きなさい。〔　　　〕

{ 塩化コバルト紙　　フェノールフタレイン溶液（ようえき）　　石灰水 }

(7) 加熱後，試験管の中に残った白色の固体について，次の①〜④に答えなさい。

① この固体は何という物質か。〔　　　〕

② この物質は，加熱前の炭酸水素ナトリウムと比べて，水にとけやすいか，とけにくいか。〔　　　〕

③ この物質の水溶液にフェノールフタレイン溶液を加えると，水溶液の色は何色になるか。〔　　　〕

④ この物質を冷やすと，炭酸水素ナトリウムにもどるか。〔　　　〕

得点UPコーチ

1 (1)加熱したガラスが急に冷やされると，割れやすい。　(4)，(5)気体Xは二酸化炭素である。　(7)①，②炭酸ナトリウムは水によくとけて強いアルカリ性を示す。④物質そのものが，もとの物質とちがっている。

学習日　月　日｜得点　点

2 右の図のように，試験管Aに酸化銀を入れて加熱すると，ⓐ試験管Bに気体Xが集まり，酸化銀はⓑ白色の物質に変化した。次の問いに答えなさい。

（各4点×6　㉔点）

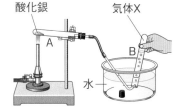

酸化銀　　気体X

A　　　B

水

(1) 下線部ⓐの気体Xの中に，火のついた線香を入れるとどうなるか。

〔　　　　　　　　　　　　　　　　〕

(2) 下線部ⓑの物質は何か。　〔　　　　　〕

(3) 下線部ⓑの物質の性質を，次のア～エから2つ選び，記号で答えなさい。

〔　　〕〔　　〕

ア　電流をよく通す。　　　イ　磁石を近づけると，磁石に引きよせられる。

ウ　水によくとける。　　　エ　かたいものでこすると，光沢が出る。

(4) 気体Xが発生しなくなったとき，火を消す前にガラス管を水の中から出した。このようにするのはなぜか。次の文の〔　　〕にあてはまることばを書きなさい。

水が試験管Aの加熱部に〔①　　　　　　〕して，試験管が〔②　　　　　　〕のを防ぐため。

3 右の□□に示した元素記号を使って，次の問いに答えなさい。（各7点×3　㉑点）

(1) 金属はふつう1種類の原子でできているので，金属の化学式は，元素記号をそのまま書く。□□の中から，金属を5種類選び，化学式で答えなさい。

〔　　，　　，　　，　　，　　〕

(2) 化合物の化学式は，元素記号を続けて書く。例にならって，次の①，②の化合物の化学式を書きなさい。

〔例〕　酸化鉄……〔　FeO　〕………金属を先に書く。
① 硫化鉄〔　　　〕　　　② 酸化マグネシウム〔　　　〕

元素記号	
酸素	O
銅	Cu
マグネシウム	Mg
鉄	Fe
硫黄	S
塩素	Cl
ナトリウム	Na
亜鉛	Zn

得点UPコーチ

2 (1)発生する気体は酸素である。
(3)金属に特有の性質を選ぶ。
(4)火を消すと，試験管Aの内部の気圧が下がり，水が試験管に逆流する。

3 (1)マグネシウムやナトリウムも，金属である。

1 右の図のような装置で，水酸化ナトリウムをとかした水に電流を流すと，陽極と陰極から気体が発生したので，それぞれの気体の性質を調べた。次の問いに答えなさい。(各5点×9 **45**点)

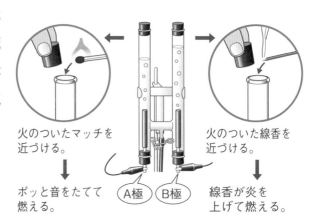

火のついたマッチを近づける。

ポッと音をたてて燃える。

A極　B極

火のついた線香を近づける。

線香が炎を上げて燃える。

(1)　A極から発生した気体に，火のついたマッチを近づけると，ポッと音をたてて気体が燃えた。この気体は何か。また，A極は陽極，陰極のどちらか。

気体名〔　　　　　　　　〕　電極名〔　　　　　　　　〕

(2)　B極から発生した気体に，火のついた線香を近づけると，線香が炎を上げて燃えた。この気体は何か。〔　　　　　　　　〕

(3)　B極は，電源の＋極，－極のどちら側につながれた電極か。〔　　　　　　〕

(4)　発生した気体は，何が分解したものか。下の{　　}の中から選んで書きなさい。〔　　　　　　　　〕

{　水　　水酸化ナトリウム　　水と水酸化ナトリウム　}

(5)　(4)の物質のように，2種類以上の物質に分解することのできる物質を何というか。〔　　　　　　　　〕

(6)　この実験で発生した気体は，さらにほかの物質に分解することができるか，できないか。〔　　　　　　　　〕

(7)　水を電気分解するとき，水に水酸化ナトリウムをとかすのはなぜか。簡単に答えなさい。〔　　　　　　　　　　　　〕

(8)　実験中，誤って手に水酸化ナトリウム水溶液がついてしまったとき，どうしたらよいか。簡単に答えなさい。〔　　　　　　　　　　〕

得点UP コーチ

1 (1)～(3)陰極から水素，陽極から酸素が発生する。　(4)水酸化ナトリウムは，水に電流を流しやすくするが，分解はしない。　(6)発生した酸素や水素は単体なので，これ以上分解できない。　(8)すぐに大量の水で洗い流す必要がある。

2 原子について正しいものを，次のア～カから3つ選び，記号で答えなさい。

（各5点×3　**15**点）

〔　　　　〕〔　　　　〕〔　　　　〕

ア　原子は非常に小さいため，種類によって質量がないものがある。

イ　どんな化学変化においても，原子がなくなることはない。

ウ　原子は，それ以上分けることができない。

エ　原子は，物質の性質を示す最小の粒子である。

オ　銀の原子は，分解などの化学変化で，酸素原子になることがある。

カ　鉄の原子は，すべて同じ大きさである。

3 下の図は，水の変化を分子のモデルで表したものである。A，Bの変化はそれぞれどのような変化か。下の{　}の中から選んで書きなさい。（各5点×2　**10**点）

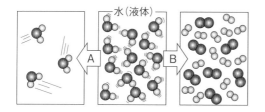
水（液体）

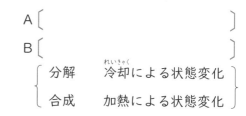

A〔　　　　　　　　　　　　　〕

B〔　　　　　　　　　　　　　〕

〔　分解　　冷却による状態変化　〕
〔　合成　　加熱による状態変化　〕

4 下のア～ウの物質やエ～カの化学式で表される物質について，次の問いに答えなさい。

（各5点×6　**30**点）

ア　窒素　　イ　水　　ウ　二酸化炭素　　エ　H_2　　オ　CuO　　カ　Fe

(1) アとウの物質の化学式を答えなさい。　　ア〔　　　　　〕ウ〔　　　　　〕

(2) オとカの化学式で表される物質の名称を答えなさい。

オ〔　　　　　〕カ〔　　　　　〕

(3) ア～カの物質のうち，分子をつくっている単体はどれか。2つ選び，記号で答えなさい。

〔　　　　〕〔　　　　〕

得点UP
コーチ

2 原子は，ほかの種類の原子になったり，新しくできたり，なくなったりすることはない。同じ種類の原子は，大きさや

質量が同じである。

3 Aは分子そのものは変わっていない。Bは別の分子（物質）ができている。

2章 化学変化－1

❶ 化学変化と化合物

① **化合物** 2種類以上の物質が結びついてできた，別の新しい
物質のこと。

<u>性質のちがう物質</u>

物質A ＋ 物質B ⟶ 〈化合物〉物質C

② **いろいろな化学変化**

●**鉄と硫黄の反応**…鉄粉と硫黄
の粉末を混ぜ合わせて加熱す
ると，熱と光を出して激しく
反応して，硫化鉄ができる。

鉄 ＋ 硫黄 ⟶ 硫化鉄
　└混合物　　　　└化合物

・鉄や硫黄と硫化鉄は，性質
のちがう別の物質である。

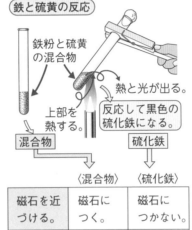

〔鉄と硫黄の反応〕

鉄粉と硫黄の混合物

上部を熱する。

熱と光が出る。

反応して黒色の硫化鉄になる。

混合物　　硫化鉄

	〈混合物〉	〈硫化鉄〉
磁石を近づける。	磁石につく。	磁石につかない。
塩酸を加える。	水素が発生。（無色・無臭）	硫化水素が発生。（腐卵臭）

●**銅と硫黄の反応**…硫黄の蒸気
の中に熱した銅線を入れると，
激しく反応して硫化銅ができ
る。

銅 ＋ 硫黄 ⟶ 硫化銅

・硫化銅は，銅や硫黄と性質のちがう別の物質である。銅は
よく曲がるが，硫化銅は黒色のもろい（曲がらずに折れる）
物質で，電気を通さない。

●**水素と酸素の反応**…水素と酸素の混合気体に点火すると，爆
発的に反応して，水ができる。

水素 ＋ 酸素 ⟶ 水

●**炭素と酸素の反応**…木炭を燃やすと，二酸化炭素ができる。

炭素 ＋ 酸素 ⟶ 二酸化炭素

基本チェック

左の「学習の要点」を見て答えましょう。

① 次の文の〔　〕にあてはまることばを書きなさい。

《チェック P.18❶》

(1) 2種類以上の物質が結びついてできた，別の新しい物質を〔　　　　　〕という。

(2) (1)は，もとの物質と性質の〔　　　　　〕物質である。

(3) 硫黄の蒸気の中に熱した銅線を入れると，〔　　　　　〕ができる。

(4) (3)は〔①　　　〕色のもろい物質で，電気を〔②　　　　　　〕。

(5) 水素と酸素が反応すると，〔　　　　　〕ができる。

(6) 炭素と酸素が十分に反応すると，〔　　　　　〕ができる。

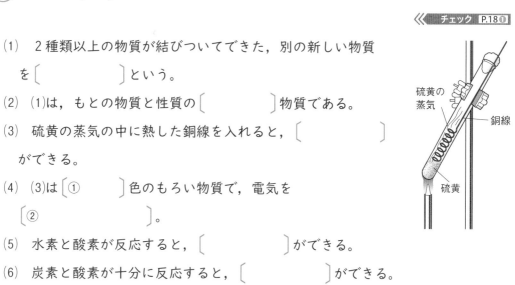

硫黄の蒸気／銅線／硫黄

② 鉄と硫黄の混合物と，その混合物を加熱してできた硫化鉄について，次の文の〔　〕にあてはまることばを書きなさい。

《チェック P.18❶②》

(1) それぞれに磁石を近づけるとどうなるか。

混合物……磁石に〔①　　　　〕。

硫化鉄……磁石に〔②　　　　〕。

(2) それぞれに塩酸を加えるとどうなるか。

混合物……〔①　　　　〕が発生する。

硫化鉄……〔②　　　　　〕が発生する。

①は〔③　　〕色，〔④　　　〕臭で，②は〔⑤　　　〕臭がある。

(3) 硫化鉄は，鉄や硫黄と性質の〔　　　　　〕物質である。

(4) 鉄と硫黄が反応するとき，加熱をやめても反応が続く。これは，鉄と硫黄が反応するとき，〔　　　　　〕が出るからである。

2章 化学変化−2

2 化学変化を表す式

① **化学反応式**　化学式を用いて化学変化を表した式。

② **化学反応式の書き方**　左辺と右辺の各原子の数を等しくする。

❶化学変化を物質名で表す。　　　水素 ＋ 酸素 ⟶ 水

❷物質をモデルで表し，化学式に置きかえる。

$$H_2 + O_2 \longrightarrow H_2O$$

❸酸素原子の数を等しくするため，右辺に水分子を1個追加。

$$H_2 + O_2 \longrightarrow 2H_2O$$

❹水素原子の数を等しくするため，左辺に水素分子を1個追加。

$$2H_2 + O_2 \longrightarrow 2H_2O$$

③ **化学反応式からわかること**　❶反応前の物質と反応後の物質がわかる。❷反応前の物質と反応後の物質の分子や原子の数の関係がわかる。

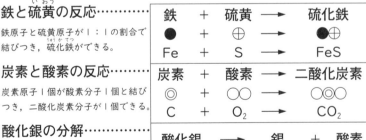

❶ 水素と　　　　酸素が反応して　　　　水ができる
$$2H_2 + O_2 \longrightarrow 2H_2O$$
❷ 水素分子2個と　酸素分子1個から　　　水分子が2個できる

●**鉄と硫黄の反応**…………
鉄原子と硫黄原子が1：1の割合で結びつき，硫化鉄ができる。

●**炭素と酸素の反応**………
炭素原子1個が酸素分子1個と結びつき，二酸化炭素分子が1個できる。

●**酸化銀の分解**……………
酸化銀は銀原子と酸素原子の数の比が2：1で結びついているので，酸化銀2個を分解すると，銀原子4個と酸素分子が1個できる。

●**水の電気分解**……………
水分子2個が分解して，水素分子2個と酸素分子1個ができる。

●**塩化銅の電気分解**………
塩化銅は銅原子と塩素原子の数の比が1：2で結びついているので，分解すると，銅原子1個と塩素分子が1個できる。

鉄	＋	硫黄	⟶	硫化鉄
●	＋	⊕	⟶	●⊕
Fe	＋	S	⟶	FeS
炭素	＋	酸素	⟶	二酸化炭素
◎	＋	○○	⟶	○◎○
C	＋	O_2	⟶	CO_2

酸化銀	⟶	銀	＋	酸素
●●●●	⟶	● ●	＋	○○
$2Ag_2O$	⟶	$4Ag$	＋	O_2

水	⟶	水素	＋	酸素
○○	⟶	●● ●●	＋	○○
$2H_2O$	⟶	$2H_2$	＋	O_2

塩化銅	⟶	銅	＋	塩素
⊗●⊗	⟶	●	＋	⊗⊗
$CuCl_2$	⟶	Cu	＋	Cl_2

✦ 覚えると得 ✦

化学式の読み方
ふつう，化学式は式のうしろに書いてある物質から読むことが多い。

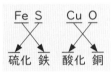

硫化 鉄　　酸化 銅

重要 テストに出る

●化学反応式の左辺と右辺で原子の種類と数は等しい。

水素と酸素の反応
$$2H_2 + O_2 \longrightarrow 2H_2O$$
分子の数に注意

水の電気分解
$$2H_2O \longrightarrow 2H_2 + O_2$$

基本チェック 左の「学習の要点」を見て答えましょう。

③ 化学反応式について，次の文の〔　〕にあてはまることばを書きなさい。

チェック P.20②

(1) 化学式を用いて化学変化を表した式を〔　　　　　　　〕式という。

(2) 化学反応式では，左辺と右辺の各〔　　　　　　〕の数を等しくする。

(3) 化学反応式からわかることは，

・反応前の物質と〔① 　　　　　　〕の物質がわかる。

・反応前の物質と反応後の物質の分子や原子の〔② 　　　　　〕の関係がわかる。

④ 〔　〕にあてはまる数や化学式を入れて，次の化学変化を化学反応式で表しなさい。

チェック P.20②③

(1) 鉄と硫黄の反応　　　　鉄　　＋　　硫黄　　⟶　　硫化鉄

●　　＋　　⊕　　⟶　　●⊕

Fe　　＋　　〔① 　　　〕　　⟶　　〔② 　　　〕

(2) 炭素と酸素の反応　　　炭素　　＋　　酸素　　⟶　　二酸化炭素

◎　　＋　　○○　　⟶　　○○○

〔① 　　　〕　　＋　　O_2　　⟶　　〔② 　　　〕

(3) 酸化銀の分解　　　　酸化銀　　⟶　　銀　　＋　　酸素

○○○　　　　○ ○
　　　　⟶　　　　　　＋　　○○
○○○　　　　○ ○

〔① 　〕Ag_2O　⟶　〔② 　〕Ag　＋　O_2

(4) 水の電気分解　　　　水　　⟶　　水素　　＋　　酸素

◠◠ ◠◠　　⟶　　●● ●●　　＋　　○○

〔① 　〕H_2O　⟶　〔② 　〕H_2　＋　〔③ 　　　〕

(5) 塩化銅の電気分解　　塩化銅　　⟶　　銅　　＋　　塩素

⊗○⊗　　⟶　　○　　＋　　⊗⊗

$CuCl_2$　⟶　〔① 　　　〕　＋　〔② 　　　〕

2章 化学変化

1 右の図のように，鉄粉７gと硫黄（いおう）４gの混合物を試験管に入れ，混合物の上部を加熱したところ，反応が起こり，鉄でも硫黄でもない化合物ができた。次の問いに答えなさい。 《 チェック P.18❶ （各6点×5 **30**点）

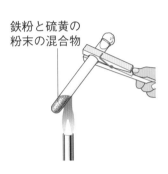

鉄粉と硫黄の粉末の混合物

(1) できた化合物の性質を調べるため，この試験管に磁石を近づけると，試験管は磁石に引きつけられるか，引きつけられないか。 〔　　　　　　　〕

(2) 下の図のように，この化合物を少量とって塩酸の中に入れ，反応のようすを調べた。この結果として正しいものを，次のア～エから選び，記号で答えなさい。 〔　　　　　　　〕

においはあおいでかぐ

ア においのない気体が発生。　　イ においのある気体が発生。

ウ 色のついた気体が発生。　　エ 気体は発生しない。

(3) 鉄は銀白色で光沢（こうたく）があり，硫黄は黄色の物質である。この化合物はどのような色の物質か。 〔　　　　　　　〕

(4) (1)～(3)より，この化合物の性質は，鉄や硫黄と同じか，ちがうか。 〔　　　　　　　〕

(5) この反応によってできた化合物は何か。物質名を答えなさい。 〔　　　　　　　〕

2 右の図のように，燃焼さじに木炭の粉末をとり，石灰水の入った集気びんの中で燃やした。次の問いに答えなさい。

《 チェック P.18❶ （各5点×3 **15**点）

木炭

石灰水

(1) 燃やした後，燃焼さじをとり出し，ふたをして集気びんをふると，石灰水はどうなるか。 〔　　　　　　　〕

(2) (1)のことから，木炭が燃えた後，何ができたとわかるか。物質名とその物質の化学式を答えなさい。

物質名〔　　　　　　　〕 化学式〔　　　　　　　〕

3 物質は化学式で表せるので，化学変化も化学式を使って表せる。このような式を化学反応式という。鉄と硫黄が反応して硫化鉄ができる化学変化について，次の問いに答えなさい。 《 チェック P.20② 》 ((1),(2)各3点×10,(3)各5点×2 **40**点)

(1) 次の式は，鉄と硫黄の反応を示そうとしたものである。●を鉄原子，⊕を硫黄原子のモデルとして，〔　〕にあてはまる正しいモデルと化学式をそれぞれ書きなさい。

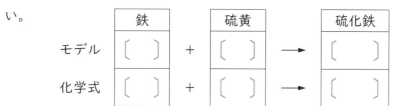

	鉄		硫黄		硫化鉄
モデル	〔　〕	+	〔　〕	→	〔　〕
化学式	〔　〕	+	〔　〕	→	〔　〕

(2) 次の文の〔　〕にあてはまることばを，下の{　}の中から選んで書きなさい。

化学変化を化学式を用いて表した式を，〔①　　　　　〕という。

化学変化を表す式では，矢印の左側に〔②　　　　　〕の物質を，右側に

〔③　　　　　〕の物質をそれぞれ〔④　　　　　〕で書く。

{　化学式　　化学反応式　　反応前　　反応後　}

(3) 次の図は，木炭が燃えて二酸化炭素ができる化学変化を，原子のモデルを使って表したものである。下の化学反応式にあてはまる化学式を書きなさい。

炭素 ◎	+	酸素 ○○	→	二酸化炭素 ○○○
C	+	〔①　　　〕	→	〔②　　　〕

4 水素と酸素が反応して水ができる化学変化をモデルを使って表すと，下のようになる。次の問いに答えなさい。 《 チェック P.20② 》 (各5点×3 **15**点)

水素 ●● ●●	+	酸素 ○○	→	水

(1) 反応の前後で，原子の数は変化するか。 〔　　　　　〕

(2) 水分子は何個できたか。 〔　　　　　〕

(3) この水素と酸素が反応して水ができる化学変化を，化学反応式で表しなさい。

〔　　　　　　　　　　〕

練習ドリル🌱

2章 化学変化

1 鉄粉14gと硫黄の粉末8gをよく混ぜ合わせ，これを試験管A，Bに半分ずつ分けた。次に，試験管Bだけを加熱し，加熱したaの部分が赤熱したので加熱をやめたが，やがて全体が反応した。次の問いに答えなさい。 （各5点×6 **30点**）

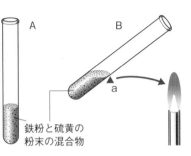

鉄粉と硫黄の粉末の混合物

(1) aの部分のみを加熱しても全体が反応したのは，鉄と硫黄が反応すると，何を発生して反応が進むからか。 〔　　　　　　　〕

(2) 反応後の試験管Bの物質は，化合物か，混合物か。 〔　　　　　　　〕

(3) 試験管Bで起こった変化を示す次の式の□に，あてはまる物質名を書きなさい。

鉄 ＋ ①□□□□□□□□ ⟶ ②□□□□□□□□

(4) 試験管Aと反応後の試験管Bの物質に塩酸を加えると，それぞれ気体が発生した。

　① Aで発生した気体は何か。 〔　　　　　　　〕

　② Bで発生した気体について正しいものを，次のア～ウから選び，記号で答えなさい。 〔　　　　　　　〕

　ア においがない。　　イ 腐卵臭がある。　　ウ Aと同じ気体である。

2 右の図のように，硫黄の蒸気の中に熱した銅線を入れると，激しく反応が起こって，銅線の表面に黒っぽい物質ができた。次の問いに答えなさい。 （(1)，(2)各5点，(3)6点 **16点**）

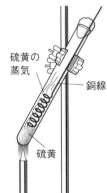

硫黄の蒸気

銅線

硫黄

(1) 反応前の銅線を曲げるとよく曲がった。反応後の物質を曲げるとどうなるか。 〔　　　　　　　〕

(2) 反応後の黒い物質は，何という物質か。 〔　　　　　　　〕

(3) この反応で起こった化学変化を，化学反応式で表しなさい。

〔　　　　　　　　　　　　　　　　〕

得点UPコーチ↗

1 (1)鉄と硫黄の混合物を加熱すると，反応して熱が発生する。
(4)②硫化水素が発生する。

2 銅と硫黄が反応して，硫化銅ができる。硫化銅は銅とちがって，曲げたりすると折れてしまう。

3 水素と酸素が反応して水ができるときの化学変化を，化学反応式で表すと，☐☐ のようになる。次の問いに答えなさい。　　　　（各3点×18　**54**点）

$$2H_2 + O_2 \longrightarrow 2H_2O$$

(1) 反応前と反応後の物質は，それぞれ何種類か。

反応前〔　　　　　〕　反応後〔　　　　　〕

(2) 反応前と反応後の水素原子の数は，それぞれ何個か。

反応前〔　　　　　〕　反応後〔　　　　　〕

(3) 反応前と反応後の酸素原子の数は，それぞれ何個か。

反応前〔　　　　　〕　反応後〔　　　　　〕

(4) 反応前の分子の数の合計と，反応後の分子の数は，それぞれ何個か。

反応前〔　　　　　〕　反応後〔　　　　　〕

(5) 次の文の{　　}の中から，正しいことばを選んで書きなさい。

化学反応式では，⟶（矢印）の左辺と右辺で，原子の種類と，それぞれの

{　物質の種類　　原子の数　　分子の数　}が等しくなるようにする。

〔　　　　　　　　　〕

(6) 次の①〜④の手順で，水素と酸素が反応するときの化学反応式をつくりたい。それぞれの〔　　〕にあてはまる化学式を答えなさい。

①　まず，水素，酸素，水を化学式で表すと，

　　　水素　　　　　　酸素　　　　　　　　　水
〔⑦　　　　〕＋〔⑦　　　　〕⟶〔⑦　　　　〕

②　①の式の両辺でOの数を等しくするために，水分子を1個ふやすと，式は，

〔⑦　　　　〕＋〔⑦　　　　〕⟶〔⑦　　　　〕

③　②の式の両辺でHの数を等しくするために，水素分子を1個ふやすと，式は，

〔⑦　　　　〕＋〔⑦　　　　〕⟶〔⑦　　　　〕

④　③の式は，両辺の原子の種類とその数が等しいから，式は完成したことになる。

3 (5)原子はなくなったり，新しくできたりしないから，反応の前後で原子の組み合わせが変わるだけである。

(6)②の⑦はH₂Oが2個，③の⑦はH₂が2個になる。

発展ドリル 🌱 2章 化学変化

1 下の実験1，2について，次の問いに答えなさい。

(各5点×4 **20**点)

〔実験1〕 右の図のように，鉄粉7.0gと硫黄(いおう)の粉末4.0gをよく混ぜ合わせて試験管に入れ，加熱した。試験管の中が赤くなり始めたところで加熱をやめたが，反応は進んで，黒っぽい固体ができた。

〔実験2〕 試験管が冷えた後，黒っぽい固体が磁石に引きつけられるかどうかを調べた。また，その固体の一部を塩酸の中に入れて，反応を調べた。

実験1

鉄粉と硫黄の粉末の混合物

実験2

磁石

塩酸

黒っぽい固体

黒っぽい固体

(1) 実験1で，試験管の中にできた黒っぽい固体は何か。物質名を答えなさい。　〔　　　　　　　〕

(2) 実験1で，加熱した部分が赤くなり始めたところで加熱をやめても，反応が続いたのはなぜか。〔　　〕にあてはまることばを書きなさい。
鉄と硫黄の反応によって発生した〔　　　　　　　〕で，反応は続くから。

(3) 実験2で，黒い固体は磁石に引きつけられるか。　〔　　　　　　　〕

(4) 実験2で，塩酸に入れたとき，においのある気体が発生した。この気体名を答えなさい。　〔　　　　　　　〕

2 いろいろな物質の化学変化を表した，次の化学反応式の〔　　〕にあてはまる化学式を答えなさい。ただし，□の中には必要な数字を入れなさい。 (各5点×6 **30**点)

(1) 水の電気分解………〔① □　　　　　〕 ⟶ 〔② □　　　　　〕 ＋ O_2

(2) 鉄と硫黄の反応……Fe ＋ 〔①　　　　　〕 ⟶ 〔②　　　　　〕

(3) 炭酸水素ナトリウムの分解

……$2NaHCO_3$ ⟶ Na_2CO_3 ＋ 〔①　　　　　〕 ＋ 〔②　　　　　〕

---

1 (1)鉄と硫黄が反応して，硫化鉄(りゅうかてつ)ができる。 (3)，(4)硫化鉄は磁石に引きつけられず，塩酸と反応して，においのある気体(硫化水素)が発生する。

2 ⟶の前後で，原子の種類と数は変わらないことに注意する。

3 右の図のように，水素と酸素を体積比2：1の割合で混ぜ合わせた混合気体を袋に入れ，電気の火花で点火すると，爆発音がして袋の内側が白くくもった。次の問いに答えなさい。 （各5点×4 **20**点）

導線

混合気体

点火装置

(1) 袋の内側についた物質に塩化コバルト紙をつけてみると，色が変化した。何色から何色に変化したか。下の{ }の中から選んで書きなさい。〔　　　から　　　〕

{ 赤色　黄色　緑色　青色 }

(2) 塩化コバルト紙の色が変わったことから，袋の内側についた物質は何とわかるか。物質名と化学式を答えなさい。物質名〔　　　　　〕

化学式〔　　　　　〕

(3) 水素と酸素が反応するときの化学変化を，化学反応式で表しなさい。

〔　　　　　　　　　　　　　　〕

4 右の図のように，燃焼さじに木炭の粉末をとり，ある溶液Xの入った集気びんの中で燃やした。次の問いに答えなさい。 （各6点×5 **30**点）

燃焼さじ

木炭

溶液X

(1) 火が消えた後，ふたをして集気びんをふると，溶液Xが白くにごった。溶液Xは何か。〔　　　　　〕

(2) 溶液Xを白くにごらせた物質は何か。〔　　　　　〕

(3) 木炭が燃えるときの反応は，炭素原子を◎，酸素原子を○とすると，次のように表せる。〔 〕にあてはまる化学式を答えなさい。

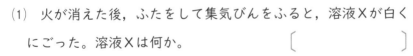

◎　　　＋　　　○○　　　───→　　　○○○

〔① 〕 ＋ 〔② 〕 ───→ 〔③ 〕

3 水素が酸素と反応して水（H_2O）ができる。塩化コバルト紙は水にふれると，赤色に変わる。

4 空気中で炭素を十分に燃やすと，酸素と結びつき二酸化炭素になる。二酸化炭素は，石灰水を白くにごらせる。

3章 酸化と還元，化学変化と熱 −1

❶ 酸化

① **酸化** 物質が酸素と結びつく化学変化のこと。

物質 ＋ 酸素 ⟶ 酸化物

② **酸化物** 酸化によってできた物質のこと。**例** 酸化銅，酸化鉄
→酸化する前の物質よりも，質量が大きくなる。

③ **燃焼** 激しく熱や光を出して，酸化すること。

例 有機物の燃焼，スチールウール（鉄）やマグネシウムの燃焼
→水素が酸化されて水，炭素が酸化されて二酸化炭素ができる。

④ **おだやかな酸化** 銅は燃焼しないが酸化する。鉄くぎは，ゆっくりと時間をかけて酸化する。　**例** さびなど。

❷ 還元

① **還元** 酸化物から酸素がうばわれる化学変化のこと。

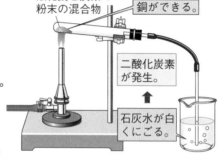

酸化銅と炭素の粉末の混合物

銅ができる。

二酸化炭素が発生。

石灰水が白くにごる。

② **酸化銅と炭素の混合物を加熱したときの変化**　酸化
→黒色
銅は炭素によって酸素がうばわれ（還元され），銅になり，炭
→赤色
素は酸化銅中の酸素によって酸化され，二酸化炭素になる。

③ **酸化と還元の関係** 還元は，酸化と同時に起こる。

●酸化銅の炭素による還元…2CuO ＋ C ⟶ 2Cu ＋ CO_2

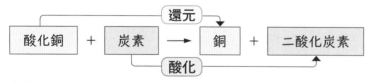

④ **製錬** 化学変化によって，金属の単体を得る操作。
→せいれん

●**製鉄**…鉄鉱石（酸化鉄）をコークス（炭素）などとともに溶鉱
→ようこう
炉に入れ，高温に熱して，鉄をとり出す。
→ろ

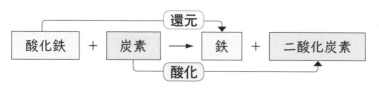

◆ 覚えると 得 ◆

酸化物の名称
→めいしょう
酸化物は，一般に，
→いっぱん
「酸化○○」という
名称が多い（水は例外）。

おだやかな酸化
鉄などがさびるのは，ゆっくりとした酸化である。こうした酸化も，温度が上がると，速く進むようになる。
さびを防ぐには，金属の表面に塗装をし
→とそう
たり，表面にうすい被膜をつくったりし
→ひまく
て，空気（酸素）にふれないようにする。

重要 テストに出る

●酸化とは，酸素と結びつく変化。
物質 ＋ 酸素
⟶ 酸化物
（酸化）

●還元とは，酸素をとり除く変化。酸化とは逆の変化で，還元は酸化と同時に起こる。

① 酸化について，次の文の〔　　〕にあてはまることばを書きなさい。

≪≪ チェック P.28 ①

(1) 酸化とは，物質が〔　　　　　　　〕と結びつく化学変化である。

(2) 酸化によってできた物質のことを〔　　　　　　〕という。

(3) 酸化物は，酸化する前の物質よりも，質量が〔　　　　　　〕なる。

(4) 酸化物の名称は「酸化〇〇」というものが多い。例えば，鉄の酸化物は
〔　　　　　　　〕という。

(5) 酸化のうち，激しく熱や光を出して酸化することを〔　　　　　　〕という。

(6) 有機物を十分に燃焼させると，有機物にふくまれる〔①　　　　　　〕と
〔②　　　　　　〕が酸化されて，〔③　　　　　　〕と〔④　　　　　　〕ができる。

(7) 鉄などがさびるのは，ゆっくりとした〔①　　　　　　〕である。したがって，さ
びを防ぐには，表面に塗装をしたり，うすい被膜をつくったりして〔②　　　　　　〕
にふれないようにすればよい。

② 還元について，次の文の〔　　〕にあてはまることばや化学式を書きなさい。

≪≪ チェック P.28 ②

(1) 酸化物から酸素がうばわれる化学変化を〔　　　　　　〕という。

(2) 酸化銅と炭素の混合物を加熱すると，酸化銅は，炭素によって酸素がうばわれ
（〔①　　　　　　〕され），赤色の〔②　　　　　　〕になり，炭素は，酸化銅中の酸素に
よって〔③　　　　　　〕され，〔④　　　　　　〕になる。

(3) (2)を化学反応式で書くと，
2CuO ＋ C ⟶ 2〔①　　　　　〕 ＋ 〔②　　　　　〕 となる。

(4) 製鉄では，鉄鉱石（酸化鉄）をコークス（炭素）などとともに溶鉱炉に入れ，高
温に熱して〔　　　　　　〕をとり出す。

(5) (4)の化学変化をまとめると，次のようになる。

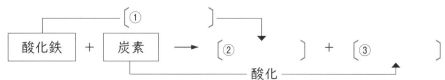

❸ 発熱反応

① **温度が上がる化学変化（発熱反応）** 化学変化のときに，熱を発生するため，周囲の温度が上がる。

物質A ＋ 物質B $\xrightarrow[\text{化学変化}]{}$ 物質C ＋ 熱

● **鉄の酸化**…鉄が酸素と反応して酸化
↳燃焼と異なり，ゆるやかに熱を出す。
鉄になるとき，熱を発生する。

㋕ **化学かいろ（携帯用かいろ）**…鉄が酸化するときに発生する熱を利用したもので，食塩や活性炭は，この反応がほどよく進むように加えられている。

携帯用かいろの場合

食塩水 → 温度上昇

鉄粉と活性炭

● **酸化カルシウムと水の反応**…酸化カルシウムと水を反応させ
↳水酸化カルシウムができる。
ると，熱を発生する。 ㋕ **火がなくてもあたためられる弁当**…酸化カルシウムと水が別々に入れてあって，ひもを引くとこれらが混ざり，反応して温度が上がるようになっている。

❹ 吸熱反応

① **温度が下がる化学変化（吸熱反応）** 化学変化のときに，外部から熱を吸収するため，周囲の温度が下がる。

物質D ＋ 物質E ＋ 熱 $\xrightarrow[\text{化学変化}]{}$ 物質F

● **アンモニアの発生**…塩化アンモニウムと水酸化バリウムを混ぜ合わせたとき，外部から熱を吸収し，アンモニアや水が発生する。

㋕ **冷却パック**…硝酸アンモニウム
れいきゃく　　　　　　しょうさん
などが水にとけるときに，温度が下がることを利用している。

アンモニア発生の場合

ぬれたろ紙 → 温度下降

水酸化バリウムと塩化アンモニウム

ぬれたろ紙にアンモニアがとけ，においが少なくなる。

● レモン汁に炭酸水素ナトリウムを加
↳クエン酸をふくむ。　　　　↳二酸化炭素が発生する。
えると，冷たくなる。

③ 化学変化と熱について, 次の文の〔　　〕にあてはまることばを書きなさい。

《 チェック P.30 ③ ④

(1) 温度が上がる化学変化では, 化学変化のときに,〔　　　　　　〕を発生する。

(2) 温度が下がる化学変化では, 化学変化のときに, 外部から熱を〔　　　　　〕する。

(3) 熱を発生する化学変化を〔　　　　　〕反応という。

(4) 熱を吸収する化学変化を〔　　　　　〕反応という。

(5) 化学変化で出入りする熱を〔　　　　　〕という。

④ さまざまな発熱反応と吸熱反応について, 次の文の〔　　〕にあてはまることばを書きなさい。

《 チェック P.30 ③ ④

(1) 化学かいろ(携帯用かいろ)は,〔①　　　　　〕が〔②　　　　　〕と反応するときに発生する〔③　　　　　〕を利用したものである。

①　+　②　──→　酸化鉄　+　③
　　　　化学変化

(2) 〔　　　　　　　　〕と水を反応させると, 熱を発生するため, 火がなくてもあたためられる弁当などに利用されている。

(3) マグネシウムを加熱すると,〔①　　　　　〕と反応して, 激しく〔②　　　　　〕や光を出す。

(4) 〔①　　　　　　　　〕と水酸化バリウムを混ぜ合わせると, 温度が〔②　　　　　〕がり, アンモニアなどが発生する。

①　+　水酸化バリウム　──→　塩化バリウム　+〔③　　　　　〕+　水
　　　　　　　　　　化学変化

(5) 冷却パックは, 硝酸アンモニウムなどが水にとけるときに, 温度が〔　　　　　〕がることを利用したものである。

(6) レモン汁に〔　　　　　　　　　〕を加えると, 温度が下がり, 冷たくなる。

1 下の式は, 物質が酸化するときの変化を表したものである。この式を参考に, 次の〔　　〕にあてはまることばを書きなさい。 《 チェック P.28 ❶ (各5点×6　**30**点)

| 物質 | ＋ | 酸素 | 〈酸化〉→ | 酸化物 |

例 鉄　　＋　　酸素　　→　　酸化鉄

(1) 物質が酸素と結びつくことを〔　　　　　　　　〕という。

(2) 酸化によってできた物質のことを〔　　　　　　　　〕という。

(3) 「〇〇」という物質の酸化物の名称は,「酸化〇〇」というものが多い。例えば, 銅の酸化物は,〔　　　　　　　　〕という。

(4) 鉄板を空気中に長い間置いておくとさびる。これは, 鉄が空気中の〔①　　　　　　〕とゆっくり結びついて,〔②　　　　　　　　〕という酸化物ができるからである。

(5) マグネシウムを加熱すると, 激しく熱や光を出して酸素と反応する。このような反応を特に〔　　　　　　　〕という。

2 自然界にある金属は, 酸化物として存在する。これを単体としてとり出すには, 還元する必要がある。右の図は, 砂鉄 (酸化鉄) と木炭を使った日本古来のたたら製鉄法を表したものである。次の問いに答えなさい。

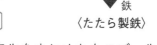

二酸化炭素
木炭
砂鉄
（酸化鉄）
空気を送る。
鉄
〈たたら製鉄〉

《 チェック P.28 ❷ (各6点×5　**30**点)

(1) 木炭をつくっている成分は何か。〔　　　　　　　〕

(2) 下の式は, たたら製鉄を行っているときの化学変化をまとめたもので, 化学変化の中で還元は, 酸化と同時に起こる。右の図を見て, ☐ にあてはまる物質名を答えなさい。また,〔　〕にあてはまる化学変化は, 酸化, 還元のどちらであるか答えなさい。

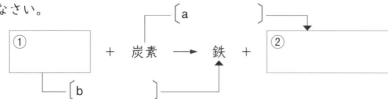

〔a　　　　　　　〕

| ① | ＋ | 炭素 | → | 鉄 | ＋ | ② |

〔b　　　　　　　〕

3 化学かいろが熱を出すしくみを調べるため，右の図のように，鉄粉と活性炭を混ぜたものに食塩水を数滴(すうてき)たらし，ガラス棒でよくかき混ぜ，温度をはかった。次の問いに答えなさい。　　　　　チェック P.30❸　（各5点×4　**20**点）

食塩水2cm³
温度計
かき混ぜる
ビーカー
鉄粉10g
活性炭1g

(1) 化学かいろの成分を混ぜたとき，ビーカー内の温度は上がるか，下がるか。　　　〔　　　　　　〕

(2) 化学かいろは，鉄粉が空気中の酸素と結びつくと，熱が出ることを利用したもので，食塩などは，この化学変化がほどよく進むように加えたものである。鉄と酸素の反応によってできる物質は何か。物質名を答えなさい。
〔　　　　　　〕

(3) 鉄と酸素が結びつく化学変化によって，何を発生したといえるか。
〔　　　　　　〕

(4) この実験のように，化学変化のときに(3)の発生をともなう反応を何というか。
〔　　　　　　〕

4 右の図のように，水酸化バリウムと塩化アンモニウムの粉末を混ぜ，温度をはかった。次の問いに答えなさい。

チェック P.30❹　（各5点×4　**20**点）

温度計
ぬらしたろ紙
水酸化バリウムと塩化アンモニウム

(1) しばらくして温度をはかると，温度はどのようになるか。次のア〜ウから選び，記号で答えなさい。　〔　　　　　　〕
　ア　上がる。　　イ　下がる。　　ウ　変わらない。

(2) この化学変化では，熱は放出されたのか，吸収されたのか。
〔　　　　　　〕

(3) この化学変化で起こった(2)のような反応を何というか。　〔　　　　　　〕

(4) この実験で発生する気体は何か。下の{　　}の中から選んで書きなさい。
〔　　　　　　〕

{　酸素　　二酸化炭素　　アンモニア　}

練習ドリル 🌱

3章 酸化と還元, 化学変化と熱

かき混ぜながら加熱する。

銅粉

ステンレス皿

1 右の図のように, 銅粉をステンレス皿に入れてかき混ぜながら加熱したところ, 黒色の物質ができた。次の問いに答えなさい。 (各5点×3 **15**点)

(1) 得られた黒色の物質は何か。物質名を答えなさい。

〔　　　　　　　　〕

(2) 黒色の物質の性質は, 銅と同じか, ちがうか。

〔　　　　　　　　〕

(3) 加熱後にできた黒色の物質の質量をはかると, 加熱前と比べてどうなっているか。次のア〜ウから選び, 記号で答えなさい。〔　　　　〕

ア 増えている。　イ 減っている。　ウ 変わらない。

2 酸化銅と炭素の粉末の混合物を加熱したところ, 二酸化炭素が発生し, 試験管内に赤色の物質ができた。次の問いに答えなさい。 (各6点×6 **36**点)

(1) この実験を行ったとき, 図のビーカー内の液体Xが白くにごった。液体Xは何か。

〔　　　　　　　　〕

酸化銅と炭素の混合物

液体X

(2) 得られた赤色の物質は何か。物質名を答えなさい。 〔　　　　　　　〕

(3) 次の式は, この実験で起こった化学変化をまとめたものである。□□にあてはまる物質の化学式と, 〔　　〕にあてはまる化学変化をそれぞれ答えなさい。

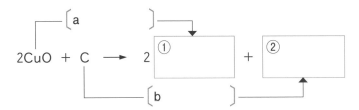

$$2CuO + C \longrightarrow 2 \boxed{①} + \boxed{②}$$

〔a　　　　〕

〔b　　　　〕

1(2)酸化されて, 銅とは性質の異なる酸化物ができる。　(3)酸素と反応した分だけ, 質量が増えている。

2(3)この反応で, 酸化銅と炭素はそれぞれどのような反応をし, 何に変化したかを整理して考える。

3 下の①〜③の化学変化について，次の問いに答えなさい。 （各7点×7 **49**点）

① 炭酸水素ナトリウムとクエン酸
水溶液を混ぜ合わせる。

炭酸水素
ナトリウム

クエン酸水溶液

② 水酸化バリウムと塩化アンモ
ニウムを混ぜ合わせる。

ぬらした
ろ紙

水酸化バリウムと
塩化アンモニウム

③ 鉄粉，活性炭，食塩水を
混ぜ合わせる。

食塩水

鉄粉と
活性炭

(1) ①の化学変化によって発生する気体は何か。気体名を答えなさい。

〔　　　　　　　　〕

(2) ②の化学変化によって発生する気体は何か。気体名を答えなさい。

〔　　　　　　　　〕

(3) ③の化学変化によって，鉄は何という物質になるか。物質名を答えなさい。

〔　　　　　　　　〕

(4) 化学変化によって温度が上がるのは，①〜③のどれか。 〔　　　　　　　〕

(5) 下の図は，2通りの化学変化を示したものである。ア，イのうち，温度が下がる
のはどちらか。 〔　　　　　　　〕

ア 　物質A　 ＋ 　物質B　 ⟶ 　物質C　 ＋ 熱
　　　　　　　　　　　化学変化

イ 　物質D　 ＋ 　物質E　 ＋ 熱 ⟶ 　物質F　 ＋ 　物質G　
　　　　　　　　　　　　　　化学変化

(6) 酸化カルシウムと水を反応させると，温度はどうなるか。〔　　　　　　　〕

(7) (6)の化学変化は，(5)のア，イのうち，どちらにあてはまるか。

〔　　　　　　　　〕

得点**UP**
コーチ

3 (1)においのない気体が発生する。
(2)刺激臭のある気体が発生する。
(5)化学変化のとき，アは熱を発生し，

イは熱を吸収する反応である。
(6)酸化カルシウムは生石灰ともいわれ，
水との反応で多量の熱が出る。

発展ドリル 🌱 3章 酸化と還元, 化学変化と熱

1 右の図のように, 同じ質量のスチールウールＡ, Ｂを
試験管に入れ, アルミニウムはくでふたをして, Ａを
十分に加熱してからＢを加熱すると, Ａは色が変化し,
Ｂは変化しなかった。次の問いに答えなさい。

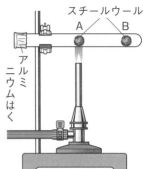

(各7点×4 **28**点)

(1) 加熱後のＡは, 何という物質になったか。

〔　　　　　　　　　　〕

(2) Ｂの色が変化しなかった理由を述べた, 次の文の〔　　〕にあてはまることばを書
きなさい。

Ｂの色が変化しなかったのは, Ａの酸化によって試験管の中の〔　　　　　　　　〕
がすべて使われたからである。

(3) ＡとＢに電流が流れるかどうか調べると, それぞれどうなるか。

Ａ〔　　　　　　　〕　Ｂ〔　　　　　　　〕

2 マグネシウムや銅の酸化について, 次の問いに答えなさい。　(各6点×5 **30**点)

(1) マグネシウムを加熱したとき, 激しく熱や光を出す。このような反応を特に何と
いうか。　〔　　　　　　　　　〕

(2) マグネシウムを加熱して得られた物質は何か。化学式で答えなさい。

〔　　　　　　　　　〕

(3) マグネシウムを加熱して(2)の物質が得られたときの化学変化を, 化学反応式で表
しなさい。　〔　　　　　　　　　　〕

(4) 銅を加熱して得られた物質は何か。化学式で答えなさい。　〔　　　　　　　〕

(5) 銅を加熱して(4)の物質が得られたときの化学変化を, 化学反応式で表しなさい。

〔　　　　　　　　　　〕

---

1 試験管内の酸素には, 限りがあること
に注目する。Ａは酸化鉄という, 鉄とは
性質のちがう物質になる。

2 (3)マグネシウム原子(Mg) 2個と酸素
分子(O_2) 1個が反応して, 酸化マグネ
シウム 2個ができる化学変化である。

3 製鉄所では，鉄鉱石（酸化鉄）をコークス（炭素）などとともに溶鉱炉（ようこうろ）に入れ，下から熱風をふきこんで高温に熱して，鉄をとり出している。次の問いに答えなさい。　　　　　　（各7点×3　21点）

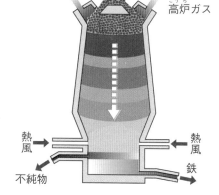

鉄鉱石，コークスなど

高炉（こうろ）ガス

(1) 鉄鉱石（酸化鉄）は，何という化学変化を受けて鉄になったか。

〔　　　　　　　　　〕

(2) 鉄鉱石が鉄になったとき，コークス（炭素）は何という物質に変化したか。

〔　　　　　　　　　〕

(3) コークスが受けた化学変化を何というか。

〔　　　　　　　　　〕

熱風　　　　熱風

不純物　　　鉄

4 化学かいろ（携帯用かいろ（けいたい））の中にどのような物質がふくまれているかを調べた。次の問いに答えなさい。　　　　　　（各7点×3　21点）

〔実験1〕　化学かいろの中身をとり出して，磁石を近づけると，粉末状の物質Xがついた。

〔実験2〕　中身をビーカーにとり，水を加えてかき混ぜてからろ過した。ろ液を蒸発皿にとり蒸発させたところ，ほぼ立方体の結晶（けっしょう）ができた。

(1) 実験1から，化学かいろの中にふくまれている物質Xは何か。物質名を答えなさい。

〔　　　　　　　　　〕

(2) 実験2より，ろ液にふくまれていた物質は何か。

〔　　　　　　　　　〕

(3) (2)の物質は，化学かいろが熱を出すとき，どのような役割をしているか。簡単に答えなさい。　　　〔　　　　　　　　　〕

得点UP
コーチ

3 酸化鉄は，酸素をうばわれて鉄になる。炭素は酸化鉄から酸素をうばって，気体が発生する。

4 (1)磁石につく金属を考える。
(2)結晶の形から考える。

学習の要点

4章　化学変化と物質の質量－1

❶ 化学変化の前後の質量

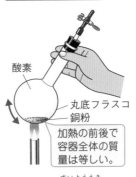

（密閉容器中での加熱）

酸素

丸底フラスコ
銅粉

加熱の前後で
容器全体の質
量は等しい。

① 金属の加熱と質量

● **開放された容器中での加熱**…加熱後，
　→空気中
　反応した酸素の分だけ質量が増える。

● **密閉容器中での加熱**…加熱の前後で，
　→物質の出入りがない容器。
　容器全体の質量は変わらない。

② 沈殿ができる化学変化と質量

● **沈殿ができる反応**…うすい硫酸に水酸化バリウム水溶液を加
　→水溶液中にできた水にとけにくい物質。
　えると，硫酸バリウムという白色の沈殿ができる。
　化学反応式…$H_2SO_4 + Ba(OH)_2 \longrightarrow BaSO_4 + 2H_2O$

● **沈殿ができる反応と質量**…反応の前後で，物質全体の質量は変わらない。
　→物質の出入りはない。

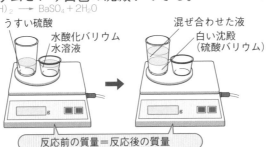

うすい硫酸
水酸化バリウム水溶液

混ぜ合わせた液
白い沈殿
（硫酸バリウム）

反応前の質量＝反応後の質量

③ 気体が発生する化学変化と質量
　→塩酸と炭酸水素ナトリウムの反応，ロウの燃焼，酸化銀の分解など。

● **開放された容器中での反応**…反応後，発生した
　気体が空気中に逃げた分だけ，質量は減る。

びんのふたを
ゆるめると，
質量は減る。

● **密閉容器中での反応**…反応の前後で，容器全体の質量は変わらない。

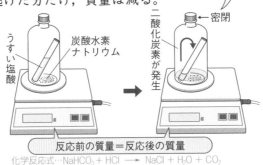

うすい塩酸
炭酸水素ナトリウム

二酸化炭素が発生

密閉

反応前の質量＝反応後の質量
化学反応式…$NaHCO_3 + HCl \longrightarrow NaCl + H_2O + CO_2$

④ 質量保存の法則

　化学変化において，反応前の物質全体の質量と，反応後の物質全体の質量は変わらない。これを**質量保存の法則**という。
　→すべての化学変化について成り立つ。

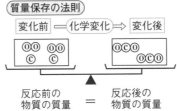

（質量保存の法則）

変化前 ━化学変化⇒ 変化後

反応前の
物質の質量　＝　反応後の
物質の質量

✦ 覚えると得 ✦

酸化銅の質量
左の図の実験のように，密閉容器中で銅を酸化したとき，加熱の前後で容器全体の質量が変化していないことから，酸化銅の質量は，銅と反応した酸素の質量の和に等しいといえる。

化学変化と質量保存の法則
密閉状態での化学変化の前後で，全体の質量が変わらないのは，物質をつくる原子の組み合わせは変わるが，原子の種類と数は変わらないからである。

重要 テストに出る

● a gの金属が燃焼してb gの化合物ができたとき，反応した酸素の質量は$(b-a)$ g

基本チェック

左の「学習の要点」を見て答えましょう。

① 次の問いに答えなさい。

チェック P.38 ①

(1) 開放された容器中で金属を加熱すると，加熱後の物質の質量はどうなるか。

〔　　　　　　　　〕

(2) (1)での変化は，何が金属と反応したからか。

〔　　　　　　　　〕

(3) 密閉容器中で金属を加熱すると，加熱の前後で容器全体の質量はどうなるか。

〔　　　　　　　　〕

(4) 密閉容器中で a g の銅が酸化して，b g の酸化銅ができたとき，反応した酸素の
質量は何 g か。　　　　　　　　　　　〔　　　　　　　　〕

(5) うすい硫酸 H_2SO_4 に水酸化バリウム水溶液 $Ba(OH)_2$ を加えてできる沈殿は何か。

〔　　　　　　　　〕

(6) (5)の物質は何色か。　　　　　　　　　〔　　　　　　　　〕

(7) (5)の物質を化学式で書きなさい。

〔　　　　　　　　〕

(8) うすい塩酸と炭酸水素ナトリウムを反応させると発生する気体は何か。

〔　　　　　　　　〕

(9) (8)の気体を化学式で書きなさい。

〔　　　　　　　　〕

(10) 開放された容器中で，塩酸と炭酸水素ナトリウムを反応させると，反応後の容
器全体の質量はどうなるか。　　　　　　〔　　　　　　　　〕

(11) 密閉された容器中で，塩酸と炭酸水素ナトリウムを反応させると，反応後の容
器全体の質量はどうなるか。　　　　　　〔　　　　　　　　〕

(12) 化学変化の前後で，物質全体の質量が変わらないことを，何の法則というか。

〔　　　　　　　　〕

(13) 化学変化の前後で，全体の質量が変わらないのは，原子の組み合わせは変わる
が，原子の何と何が変わらないためか。　〔　　　　　　　　〕

4章 化学変化と物質の質量−2

❷ 化学変化と質量の比

① 金属の加熱と質量の変化

●**一定量の金属の加熱**…加熱するにつれて質量は増えていくが，やがて増えなくなり，一定の値になる。
└→酸素が結びつくため。

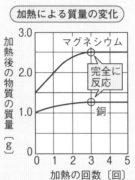

加熱による質量の変化

●**金属とその化合物の質量**…金属の質量とその化合物の質量は**比例**する。
グラフに表すと，原点を通る直線になる。←

●**金属と反応する酸素の質量**…金属と反応する酸素の質量は，金属の質量に比例する。

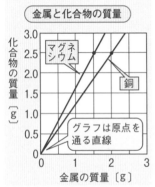

金属と化合物の質量

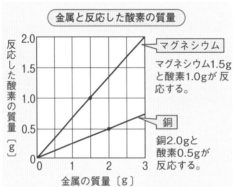

金属と反応した酸素の質量

マグネシウム1.5gと酸素1.0gが反応する。

銅2.0gと酸素0.5gが反応する。

↑グラフの傾きは質量の割合を表す。

② 物質の質量比　反応する２つの物質ＡとＢの質量の比は一定になる。
これを定比例の法則といい，いろいろな化学変化で成り立つ。←

●**金属の質量と反応する酸素の質量の割合**…金属の種類によって決まっている。

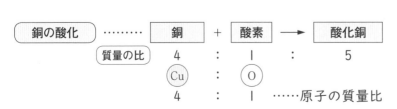

マグネシウムの燃焼 …	マグネシウム	+	酸素	→	酸化マグネシウム
質量の比	3	:	2	:	5
	Mg	:	O		
	3	:	2	……原子の質量比	

銅の酸化 ………	銅	+	酸素	→	酸化銅
質量の比	4	:	1	:	5
	Cu	:	O		
	4	:	1	……原子の質量比	

✦ 覚えると得 ✦

反応する質量の比の求め方

表やグラフから，反応する金属と酸素の質量を求め，比で表す。左のグラフの場合は，銅2.0gと酸素0.5gが反応するから，

銅：酸素＝2.0：0.5
　　　　＝4：1

⚠ **ミスに注意**

○反応する物質のいずれか一方がなくなると，反応は止まる。多いほうの物質が，反応しないで残る。

重要 テストに出る

●反応する２種類の物質の質量の比は，一定になる。
●化合物の成分の質量の比は，一定になる。

基本チェック

左の「学習の要点」を見て答えましょう。

② 次の文の〔　〕にあてはまることばを書きなさい。　《 チェック P.40②

(1) 金属を加熱して酸化させると，質量は〔① 〕ていくが，やがて

〔② 〕の値になる。

(2) 金属の質量とその化合物の質量は〔 〕する。

(3) 金属の質量と反応する酸素の質量は〔 〕する。

(4) 反応する2つの物質AとBの質量の比は〔 〕になる。

③ 右のグラフは，一定量のマグネシウムを何回か加熱し，質量の変化を調べたときの，加熱の回数と加熱後の物質の質量の変化をまとめたものである。これについて，次の問いに答えなさい。　《 チェック P.40②

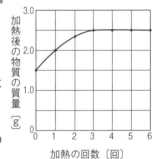

(1) 加熱前のマグネシウムは何gか。

〔 〕

(2) 3回目の加熱が終わったとき，できた化合物の質量は

何gか。　〔 〕

(3) マグネシウムが完全に酸素と反応したのは，何回目の

加熱の後か。　〔 〕

④ 右のグラフは，銅粉を完全に酸化させたときの，銅とできた酸化物の質量の関係を表している。これについて，次の問いに答えなさい。　《 チェック P.40②

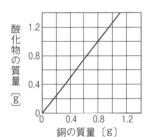

(1) 銅0.8gを酸化させたとき，できた酸化物は何gか。

グラフから読みとって答えなさい。

〔 〕

(2) 銅0.8gと反応した酸素の質量は何gか。

〔 〕

(3) 反応した銅と酸素の質量の比（銅：酸素）を，最も簡単な整数の比で答えなさい。

〔 〕

基本ドリル 🌱 4章 化学変化と物質の質量

1 右の図のように，丸底フラスコに酸素を入れ，電流を流してスチールウールを燃焼させた。次の問いに答えなさい。 《 チェック P.38① （各6点×3 **18**点）

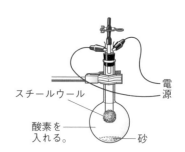

電源
スチールウール
酸素を入れる。
砂

(1) スチールウールの質量は，燃焼の前後で比べるとどうなるか。次のア～ウから選び，記号で答えなさい。

〔　　　　　〕

ア 燃焼の後の方が大きい。

イ 燃焼の前の方が大きい。

ウ 燃焼の前後で変わらない。

(2) 丸底フラスコ全体の質量は，燃焼の前後で比べるとどうなるか。(1)のア～ウから選び，記号で答えなさい。 〔　　　　　〕

(3) (2)のような結果になることを，何の法則というか。 〔　　　　　〕

2 右の図のように，うすい硫酸と水酸化バリウム水溶液の全体の質量をはかった。その後に水溶液どうしを混ぜ合わせて反応させ，再び全体の質量をはかった。次の問いに答えなさい。

《 チェック P.38① （(1)～(3)各6点×3，(4)各5点×2 **28**点）

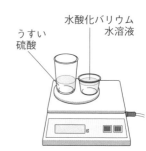

水酸化バリウム水溶液
うすい硫酸

(1) うすい硫酸と水酸化バリウム水溶液を反応させるとどうなるか。下の{ }の中から選んで書きなさい。

〔　　　　　〕

{ 気体が発生する。　沈殿ができる。　変わらない。 }

(2) (1)のような変化が見られたのは，化学変化によって何という物質ができたためか。

〔　　　　　〕

(3) 反応前と反応後の全体の質量を比べるとどうなるか。 〔　　　　　〕

(4) (3)のような結果になるのは，物質をつくる原子の何が変わらないからか。2つ答えなさい。

〔　　　　　〕〔　　　　　〕

3 例を参考に，次の問いに答えなさい。ただし，質量の比は，最も簡単な整数の比
で表しなさい。　《 チェック P.40 ❷ （各6点×5　30点）

〔例〕　0.9gのマグネシウムを空気中で燃やしたところ，1.5gの酸化マグネシウムが
できた。このとき，マグネシウムは何gの酸素と反応したか。

$$\underset{\substack{酸化マグネシウム\\の質量}}{1.5g} - \underset{\substack{マグネシウム\\の質量}}{0.9g} = \underset{\substack{反応した\\酸素の質量}}{0.6g}$$

〔　　0.6g　　〕

(1)　1.5gのマグネシウムを空気中で燃やしたところ，2.5gの酸化マグネシウムがで
きた。このとき，マグネシウムと反応した酸素は何gか。　〔　　　　　　〕

(2)　マグネシウムが酸化マグネシウムになるとき，マグネシウムの質量と，反応する
酸素の質量の比は一定である。上の例から，その比（マグネシウム：酸素）を求め
なさい。　〔　　　　　　〕

(3)　マグネシウム2.1gが燃えて，すべて酸化マグネシウムになるとき，何gの酸素
と反応するか。　〔　　　　　　〕

(4)　1.6gの銅粉を空気中で十分に加熱したところ，2.0gの酸化銅ができた。このとき，
銅は，何gの酸素と反応したか。　〔　　　　　　〕

(5)　銅は，マグネシウムとは異なる質量の比で，酸素と反応する。(4)から，銅と酸素
が反応するときの質量の比（銅：酸素）を求めなさい。　〔　　　　　　〕

4 図1は，銅粉を完全に酸化さ
せたときの，銅の質量と加熱
してできた酸化銅の質量の関
係を表している。次の問いに
答えなさい。《 チェック P.40 ❷

（各6点×4　24点）

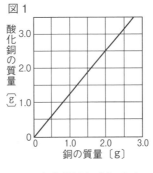

図1

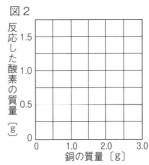

図2

(1)　銅2.0gが完全に酸化すると，何gの酸化銅ができるか。　〔　　　　　　〕

(2)　(1)のとき，反応した酸素の質量は何gか。　〔　　　　　　〕

(3)　銅の質量と反応した酸素の質量の関係を表すグラフを，図2にかきなさい。

(4)　銅1.0gが完全に酸化したとき，反応した酸素の質量は何gか。〔　　　　　　〕

4章 化学変化と物質の質量

1 さびていないスチールウールを試験管の中に入れ，ピンチコックでゴム管を閉じてから，試験管全体の質量をはかった。その後に，右の図のように，加熱したところ，スチールウールの色が変化した。次の問いに答えなさい。 （各5点×4　**20**点）

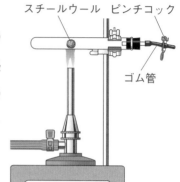

スチールウール　ピンチコック

ゴム管

(1) 加熱後，試験管全体の質量は，加熱前に比べてどうなっているか。 〔　　　　　　　　　〕

(2) 加熱後のスチールウールは，何という物質になっているか。 〔　　　　　　　〕

(3) (2)の物質ができるとき，試験管内の空気中の何が使われたか。〔　　　　　　　〕

(4) 加熱後，ピンチコックを開くとどうなるか。次のア～ウから選び，記号で答えなさい。 〔　　　　　　　〕

　ア　試験管から気体が逃げて，試験管全体の質量が減る。

　イ　何の変化もなく，試験管全体の質量は変わらない。

　ウ　試験管内に空気が入り，試験管全体の質量は増える。

2 いろいろな化学変化の前後における物質の質量について，次の問いに答えなさい。

（各5点×4　**20**点）

(1) 次の①～③の化学変化で，反応後の下線部④の物質の質量は，反応前の下線部⑦の物質の質量と比べてどうなっているか。「大きい」，「小さい」，「等しい」で答えなさい。

　① ⑦スチールウールを空気中で燃やすと，④酸化鉄ができた。 〔　　　　　　　〕

　② ⑦酸化銀を試験管に入れて熱すると，あとに④銀が残った。 〔　　　　　　　〕

　③ ⑦鉄と硫黄の混合物を加熱すると，④硫化鉄ができた。 〔　　　　　　　〕

(2) 化学変化において，反応前の物質全体の質量と反応後の物質全体の質量は変わらない。この法則を何というか。 〔　　　　　　　　　　　〕

得点**UP**
コーチ

1 (1)試験管の中と外の間で，物質が出入りするかどうかに着目する。
(3)鉄と結びついた気体が何かを考える。

2 (1)①鉄と酸素の反応である。
②酸化銀が銀と気体の酸素に分解する。
③気体の出入りがない反応である。

3 銅とマグネシウムの粉末を，それぞれ質量を変えて十分に加熱し，加熱後の物質の質量を測定して，反応した酸素の質量を調べた。下の表は銅，グラフはマグネシウムについての結果を表している。次の問いに答えなさい。(各6点×6　**36**点)

銅の質量〔g〕	0	0.20	0.40	0.60	0.80	1.00
酸化銅の質量〔g〕	0	0.25	0.50	0.75	1.00	1.25
反応した酸素の質量〔g〕	0	0.05	ア〔　　〕	イ〔　　〕	0.20	ウ〔　　〕

(1) 表の空欄ア～ウに，あてはまる数値を書きなさい。

(2) 表をもとにして，右の図に，銅の質量と反応した酸素の質量の関係を，グラフにかきなさい。

(3) (2)で完成したグラフとマグネシウムのグラフについて，次の①，②の問いに答えなさい。

① グラフより，金属の質量と反応した酸素の質量の間には，どのような関係があるといえるか。　〔　　　　　　〕

② 金属と酸素は，どのような質量の割合で反応するといえるか。簡単に答えなさい。　〔　　　　　　〕

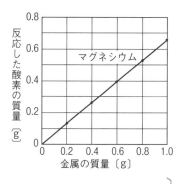

4 右のグラフは，金属の質量とその金属を空気中で十分に加熱してできる化合物の質量の関係を表している。次の問いに答えなさい。　(各6点×4　**24**点)

(1) 2.4gのマグネシウムと銅は，それぞれ何gの酸素と反応するか。　マグネシウム〔　　　　〕

銅〔　　　　〕

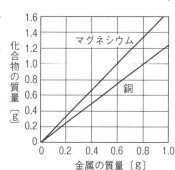

(2) マグネシウムと酸素，銅と酸素について，それぞれ反応する質量の比を，最も簡単な整数の比で表しなさい。

マグネシウム：酸素＝〔　　　　〕　銅：酸素＝〔　　　　〕

得点UP
コーチ

3 (3)②直線の傾きは，金属と酸素の質量の割合を表している。この割合は，金属の種類によって決まっている。

4 (1)0.6gのマグネシウムから1.0gの化合物ができている。また，0.8gの銅から1.0gの化合物ができている。

発展ドリル 🌱 4章 化学変化と物質の質量

1 右の図のように，うすい塩酸と石灰石を容器に入れて密閉し，全体の質量をはかった。次の問いに答えなさい。 （各6点×5 **30**点）

ふたで密閉
うすい塩酸
石灰石

(1) 容器を密閉したまま塩酸と石灰石を反応させると，容器をふくめた全体の質量はどうなるか。

〔 　　　　　　　　　　　 〕

(2) (1)の結果から，反応前の物質全体の質量と反応後の物質全体の質量は，どのような関係になっているといえるか。簡単に答えなさい。 〔 　　　　　　　　 〕

(3) (2)のような関係になることを何の法則というか。 〔 　　　　　　　　 〕

(4) 反応後，容器のふたをゆるめると，シュッという音がした。このとき，容器をふくめた全体の質量はどうなるか。 〔 　　　　　　　　 〕

(5) (4)のようになる理由を，簡単に答えなさい。

〔 　　　　　　　　　　　　　　　　　　　　　 〕

2 物質が反応するときの質量について，次の問いに答えなさい。（各6点×3 **18**点）

(1) 鉄粉3.5gと硫黄の粉末2.0gの混合物を加熱すると，すべて反応して，反応後，黒色の物質ができた。この黒色の物質の質量は何gか。 〔 　　　　　　 〕

(2) 塩酸120.0gに亜鉛10.0gを加えると水素が発生し，亜鉛は全部とけて，反応後の溶液の質量は129.7gになった。発生した水素の質量は何gか。

〔 　　　　　　 〕

(3) 塩酸70.0gに石灰石10.0gを入れると二酸化炭素が発生し，反応後の質量は75.6gになった。発生した二酸化炭素の質量は何gか。 〔 　　　　　　 〕

得点UP
コーチ

1 (1)反応が起こっても，容器の中と外で物質の出入りがない。
(4)発生した二酸化炭素が出ていく。

2 (1)物質の出入りがない化学変化である。
(2) （反応前の物質の質量の和）－（反応後に残った物質の質量）

3 マグネシウム2.4gを空気中で十分に加熱すると，4.0gの酸化マグネシウムができた。これについて，次の問いに答えなさい。 （各7点×4　㉘点）

(1) マグネシウム2.4gは，何gの酸素と反応したか。 〔　　　　　　〕

(2) マグネシウムと酸素が反応するときの質量の比は一定である。その比を，最も簡単な整数の比で表しなさい。

マグネシウム：酸素＝〔　　　　　　〕

(3) マグネシウム1.8gを加熱して，すべて酸化マグネシウムにするには，何gの酸素が必要か。 〔　　　　　　〕

(4) マグネシウム4.2gを加熱して，すべて酸化マグネシウムにすると，何gの酸化マグネシウムができるか。 〔　　　　　　〕

4 右のグラフは，銅粉を加熱して完全に酸化させたときの，銅の質量と加熱後にできた酸化銅の質量の関係を表している。次の問いに答えなさい。

（各6点×4　㉔点）

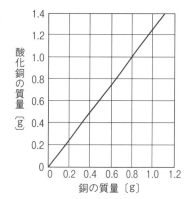

(1) 銅粉2.8gが完全に酸化すると，何gの酸化銅ができるか。 〔　　　　　　〕

(2) 次の①，②の銅粉が完全に酸化すると，何gの酸素と反応するか。

① 4.8gの銅粉 〔　　　　　　〕　　　　② 0.6gの銅粉 〔　　　　　　〕

(3) 銅と酸素が反応する質量の比（銅の質量：酸素の質量）を，最も簡単な整数の比で表しなさい。 〔　　　　　　〕

 得点UPコーチ

3 (3)，(4)金属の質量と反応する酸素の質量の比は，つねに一定である。(2)で求めた比より求める。

4 (1)銅と酸化銅の質量は比例するから，酸化銅 x g ができるとすると，
$0.8 : 1.0 = 2.8 : x$

化学変化と原子・分子①

❶ 右の図のように，酸化銀を試験管Aに入
れて加熱すると，酸化銀の色が変わり，試
験管Bに気体が集まった。次の問いに答
えなさい。 　((4)6点，他各5点×8 **46**点)

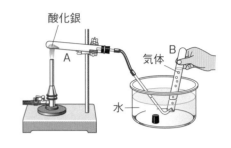

(1) 酸化銀の色は，何色から何色に変わったか。
次の{ 　}の中から選んで書きなさい。

{ 　白色　　青色　　黒色　　赤色　} 　〔　　　　→　　　　〕

(2) 酸化銀と加熱して得られた物質Xに，電流が流れるかを調べると，それぞれどの
ような結果になるか。 　酸化銀〔　　　　　　　〕 　物質X〔　　　　　　　〕

(3) (1)，(2)のようになったのは，酸化銀が何という物質になったためか。物質名と化
学式を答えなさい。 　物質名〔　　　　　　　〕 　化学式〔　　　　　　　〕

(4) 試験管Bに集まった気体の中に，火のついた線香を入れるとどうなるか。簡単に
答えなさい。 　〔　　　　　　　　　　　　　　〕

(5) (4)から，試験管Bに集まった気体は何とわかるか。物質名と化学式を答えなさい。

　物質名〔　　　　　　　〕 　化学式〔　　　　　　　〕

(6) この実験では，酸化銀を加熱することによって，2種類の物質ができた。このよ
うな化学変化を何というか。 　〔　　　　　　　〕

❷ 右の図のように，鉄7.0gと硫黄4.0gの混合物を加熱すると，黒色の物質がで
きた。次の問いに答えなさい。 　(各5点×3 **15**点) 鉄粉と硫黄の
粉末の混合物

(1) 加熱後の試験管に磁石を近づけると，試験管は引きつけられる
か，引きつけられないか。 　〔　　　　　　　〕

(2) この加熱によって得られた化合物は何か。〔　　　　　　　〕

(3) 鉄と硫黄の混合物と黒色の物質にそれぞれ塩酸を加えると，同
じ気体が発生するか，発生しないか。 　〔　　　　　　　〕

得点UP コーチ

❶(2)，(3)得られた白色の固体は銀なので，
電流が流れる。銀の化学式は，元素記
号と同じである。

❷鉄と硫黄が反応して，硫化鉄ができる。
硫化鉄は，鉄や硫黄とは性質のちがう
化合物である。

❸ 質量が等しいAとBの2つのスチールウール（鉄）を用意し，Aはそのままにして，Bは空気中で十分に加熱した。次の問いに答えなさい。　（各4点×6　㉔点）

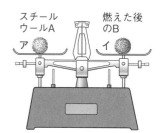

(1) Bは，熱と光を出して燃えた。このように酸素と結びつく反応を特に何というか。　〔　　　　　　〕

(2) 右の図のように，Aと，燃えた後のBを上皿てんびんにのせた。ア，イのどちらが下がるか。　〔　　　　　　〕

(3) 次の式は，スチールウールを燃やしたときの反応を示したものである。□にあてはまる物質名を書きなさい。

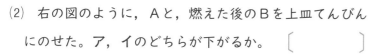

鉄 ＋ ①[　　　　　　] ⟶ ②[　　　　　　]

(4) Aと，燃えた後のBをそれぞれ塩酸に入れたとき，気体が発生するのはどちらか。
〔　　　　　　〕

(5) (4)で発生した気体は何か。化学式で答えなさい。　〔　　　　　　〕

❹ 2.0gの銅粉をステンレス皿に入れ，よくかき混ぜながら何回か加熱し，質量の変化を調べた。右の図は，実験の結果をグラフに表したものである。次の問いに答えなさい。　（各5点×3　⓯点）

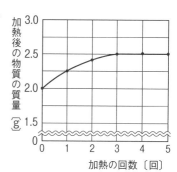

(1) この実験で，銅粉が完全に酸素と反応したのは，何回目の加熱が終わった後か。　〔　　　　　　〕

(2) この実験の結果から考えて，10.0gの銅粉を加熱して完全に酸素と反応させると，何gの酸化銅ができるか。　〔　　　　　　〕

(3) 次の文の{　}の中から，正しいことばを選んで書きなさい。

銅が酸素と反応するときの，銅の質量と反応する酸素の質量の
{　和　　差　　比　}は一定である。　〔　　　　　　〕

❸(3), (4)スチールウールBは，燃焼によって酸素と結びついて，酸化鉄になったので，もとの質量より増えている。

❹(1)質量が増えなくなれば，酸素との反応が終わったと考えられる。(2)2.0gの銅から2.5gの酸化銅ができている。

化学変化と原子・分子②

1 朝，Aさんは，化学かいろが入った袋に，鉄粉が入って
いると書かれているのを見た。Aさんは，その化学かい
ろをふり，発熱した化学かいろを持って外出した。夕方，
家に帰ると，化学かいろの発熱は止まっており，再びふっ
ても，発熱しなかった。次の問いに答えなさい。

磁石

かいろ

（各6点×4　**24**点）

(1) 使用前の化学かいろに磁石を近づけると，化学かいろは磁石につくか，つかない
か。　　　　　　　　　　　　　　　　　　　　　　　〔　　　　　　　　　〕

(2) 使用後の化学かいろに磁石を近づけると，化学かいろは磁石につくか，つかない
か。　　　　　　　　　　　　　　　　　　　　　　　〔　　　　　　　　　〕

(3) 化学かいろが発熱したのは，鉄粉がある物質と結びついたからである。何という
物質と結びついたか。　　　　　　　　　　　　　　　〔　　　　　　　　　〕

(4) このように，熱を発生する化学変化を何というか。　〔　　　　　　　　　〕

2 右の①，②は，水素と酸素が反応して水が
できる化学変化を，化学反応式で表そうと
したものであるが，どちらも正しくない。
次の問いに答えなさい。（各6点×3　**18**点）

① $H_2 + O \longrightarrow H_2O$

② $H_2 + O_2 \longrightarrow H_2O$

(1) ①，②の式が正しくない理由を，それぞれ
右のア～エから選び，記号で答えなさい。

　　　　　①〔　　　　〕②〔　　　　〕

(2) 水素と酸素が反応するときの化学変化を，
正しい化学反応式で表しなさい。

ア　水素の化学式がちがう。

イ　酸素の化学式がちがう。

ウ　水の化学式がちがう。

エ　両辺の原子の数が等しくない。

〔　　　　　　　　　　　　　　　　　〕

得点 **UP**
コーチ

1 化学かいろは，鉄が酸素と結びつくと
きに熱が出ることを利用したものであ
る。発熱後は，鉄と性質のちがう別の

物質ができる。

2 (1)①は酸素が分子になっていない。②
は反応の前後で酸素原子の数がちがう。

3 右の図のように，銅粉をステンレス皿に入れ，加熱したところ，黒色の物質が得られた。次の問いに答えなさい。

(各7点×4 **28**点)

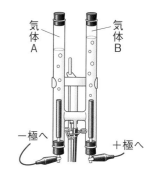

銅粉

ステンレス皿

(1) 得られた黒色の物質は何か。物質名を答えなさい。

〔　　　　　　　　〕

(2) 黒色の物質は，銅粉に何という物質が結びついてできたものか。

〔　　　　　　　　〕

(3) 物質が，(2)の物質と結びつく化学変化を何というか。

〔　　　　　　　　〕

(4) この実験で起こった化学変化を，化学反応式で表しなさい。

〔　　　　　　　　　　　　　　　　〕

4 右の図は，水を電気分解したときのようすを表したものである。次の問いに答えなさい。(各6点×3 **18**点)

気体A　　気体B

(1) 水に電流が流れやすくなるように加える物質は何か。

〔　　　　　　　　〕

(2) 気体Aに火のついたマッチを近づけるとどうなるか。簡単に答えなさい。〔　　　　　　　　〕

－極へ　　＋極へ

(3) 水のように，2種類以上の元素からできている物質を何というか。〔　　　　　　　　〕

5 次の①，②は，化学変化を原子のモデルで表したものである。①，②の変化を，化学反応式で表しなさい。ただし，●は鉄原子，⊕は硫黄(いおう)原子，○は酸素原子，●は銅原子のモデルを表している。

(各6点×2 **12**点)

① ●　＋　⊕　⟶　●⊕　　② ● ●　＋　○○　⟶　●○ ●○

〔　　　　　　　〕　〔　　　　　　　　　〕

定期テスト 対策 問題(1) ✏

1 右の図のような装置で，炭酸水素ナトリウムを加熱したところ，気体が発生し，試験管Aの口の近くに液体がたまった。次の問いに答えなさい。 （各6点×9 **54**点）

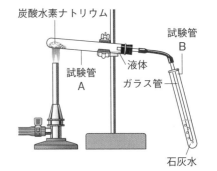

炭酸水素ナトリウム
試験管B
液体
試験管A
ガラス管
石灰水

(1) 試験管Bの中の石灰水はどうなったか。

〔　　　　　　　　〕

(2) (1)より，発生した気体は何か。気体名を答えなさい。

〔　　　　　　　〕

(3) 発生した気体と同じ気体が発生するのはどれか。次のア～エから選び，記号で答えなさい。

〔　　　　　〕

ア　塩酸に亜鉛を加える。　　　イ　過酸化水素水に二酸化マンガンを加える。

ウ　塩酸に石灰石を加える。　　エ　塩酸にマグネシウムを加える。

(4) 塩化コバルト紙を，試験管Aの口の近くにたまった液体にふれさせると，何色から何色に変化するか。

〔　　　　から　　　　〕

(5) (4)より，生じた液体は何であるとわかるか。物質名を答えなさい。

〔　　　　　　〕

(6) 実験後，試験管Aに白色の固体が残った。この固体は，水によくとけた。次の①，②の問いに答えなさい。

① 残った白色の固体は何か。その物質名を答えなさい。

〔　　　　　　〕

② ①の物質の水溶液にフェノールフタレイン溶液を加えると，何色に変化するか。

〔　　　　　　〕

(7) この実験で，試験管Aの口の方を少し下げて加熱したのはなぜか。その理由を簡単に答えなさい。

〔　　　　　　　　　　　　　　　〕

(8) この実験の変化のようすを表すと，下のようになる。このように1種類の物質から2種類以上の物質ができる化学変化を何というか。

〔　　　　　　〕

炭酸水素ナトリウム ⟶ 固体の物質 ＋ 気体の物質 ＋ 液体の物質

2 右の図のように, ガスバーナーで点火した少量の
スチールウール (鉄) を, 水を入れた水そうの中の
台にのせ, すぐに集気びんをかぶせた。次の問い
に答えなさい。　　　　　　　(各6点×3　**18**点)

集気びん　　スチール
ウール

水

(1)　しばらくすると, 集気びんの中の水位はどうなるか。

〔　　　　　　　　　〕

(2)　集気びんの中の水位が(1)のようになったのは, 集気びんの中の何という物質が
減ったためか。　　　　　　　　　　　　　　〔　　　　　　　　　〕

(3)　(2)の物質が減ったのは, スチールウールと反応したからである。この反応後にで
きた物質の質量は, 反応前のスチールウールの質量と比べてどうなっているか。

〔　　　　　　　　　〕

3 マグネシウムの粉末を0.3g, 0.6g, 0.9g,
1.2g, 1.5gとり, それぞれステンレス皿に
のせて十分に加熱した。このとき得られた物
質の質量をはかってグラフにすると, 右の図
のようになった。次の問いに答えなさい。

(各7点×4　**28**点)

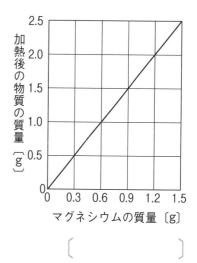

(1)　マグネシウムを加熱したとき, 明るい炎を上げ
て燃えた。このような化学変化を特に何というか。

〔　　　　　　　　　〕

(2)　加熱する前のマグネシウムの質量と, マグネシウムと反応した酸素の質量の比を,
最も簡単な整数の比で表しなさい。　　　マグネシウム：酸素＝〔　　　　　　　　　〕

(3)　マグネシウム2.4gは, 何gの酸素と反応するか。　〔　　　　　　　　　〕

(4)　マグネシウム1.8gを加熱して, すべて酸化マグネシウムにすると, 何gの酸化
マグネシウムができるか。　　　　　　　　　　　〔　　　　　　　　　〕

定期テスト 対策 問題(2) ✏

① 右の図のような装置で，あらかじめ質量をはかっておいた銅粉を十分に加熱し，加熱後，できた物質の質量をはかった。下の表は，その結果をまとめたものである。これについて，次の問いに答えなさい。 (各6点×8 **48**点)

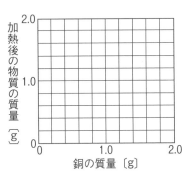

銅粉　ステンレス皿　ガスバーナー

銅の質量 〔g〕	0.4	0.8	1.2	1.6
加熱後の物質の質量〔g〕	0.5	1.0	1.5	2.0

(1) この実験で，銅の色はどのように変化するか。下の｛　｝の中から選んで書きなさい。　〔　　　　　　〕

｛　黒色→白色　　　黒色→赤色

　　赤色→黒色　　　赤色→白色　｝

(2) 銅を加熱することによって得られた物質は何か。物質名と化学式を答えなさい。

物質名〔　　　　　　〕

化学式〔　　　　　　〕

(3) 上の表をもとに，銅の質量と加熱後得られた物質の質量の関係を表すグラフを，右の図にかきなさい。

(4) 2.0 gの銅を十分に加熱すると，(2)の物質は何gできるか。

〔　　　　　　〕

(5) 2.0 gの銅を十分に加熱すると，銅と反応する酸素の質量は何gか。　〔　　　　　　〕

(6) 銅の質量と，反応する酸素の質量の比を，最も簡単な整数の比で答えなさい。

銅：酸素＝〔　　　　　　〕

(7) (2)の物質は，銅原子と酸素原子が１：１の割合で結びついている。このことと，(6)の結果から考えて，銅原子１個の質量は，酸素原子１個の質量の何倍か。

〔　　　　　　〕

2 酸化銅を使って，下の実験1，2を行った。これについて，次の問いに答えなさい。

(各4点×7　㉘点)

図1　酸化銅と炭素の混合物

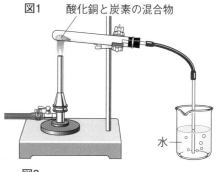

水

〔実験1〕　図1のように，酸化銅と炭素の粉末の混合物を加熱すると，気体が発生して試験管内に銅が残った。

〔実験2〕　図2のように，酸化銅の粉末に水素を送りながら加熱すると，試験管内に液体がたまり，酸化銅は銅に変化した。

図2　酸化銅の粉末

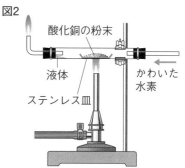

液体　かわいた水素

ステンレス皿

(1)　実験1で試験管内に残った銅の質量は，もとの酸化銅の質量と比べてどうなっているか。

〔　　　　　　　　　　　〕

(2)　実験1で発生した気体は何か。化学式で答えなさい。

〔　　　　　　〕

(3)　実験1で，ビーカーの水をリトマス紙につけると，色が変わった。何色のリトマス紙が何色に変わったか。　〔　　　　　　　　　　　　　　　　〕

(4)　実験2で，試験管にたまった液体は何か。化学式で答えなさい。　〔　　　　　〕

(5)　実験2で，酸化銅が銅に変化した理由について述べた，次の文の〔　　〕にあてはまる物質を答えなさい。

　　銅に変化したのは〔①　　　　　　〕が酸化銅から〔②　　　　　　〕をうばったため。

(6)　実験1で，実験2の水素と同じはたらきをする物質は何か。　〔　　　　　〕

3 いろいろな物質の化学変化を表した化学反応式の〔　〕にあてはまる化学式を答えなさい。ただし，▢の中には必要な数字を入れなさい。　(各4点×6　㉔点)

(1)　炭素の燃焼…………$C + O_2 \longrightarrow$〔　　　　　　　〕

(2)　水の電気分解………〔①▢　　　　〕$\longrightarrow$〔②▢　　　　〕$+ O_2$

(3)　酸化銀の分解………$2Ag_2O \longrightarrow 4Ag +$〔　　　　　〕

(4)　鉄と硫黄の反応……$Fe +$〔①　　　　　　〕$\longrightarrow$〔②　　　　　〕

定期テスト 対策 問題(3) ✏

1 マグネシウムリボンに火をつけて，石灰水の入った集気びんの中で燃やした。次の問いに答えなさい。

（各6点×5 **30**点）

マグネシウムリボン

石灰水

(1) マグネシウムリボンが燃えた後，とり出して集気びんをふると，石灰水はどうなるか。　〔　　　　　　　　　　　〕

(2) 燃えた後にできた物質に，電流は流れるか，流れないか。

〔　　　　　　　　　　　〕

(3) 燃えた後にできた物質の質量は，燃やす前のマグネシウムリボンの質量と比べてどうなっているか。　〔　　　　　　　　　　　〕

(4) マグネシウムを燃やすことでできた物質は何か。

〔　　　　　　　　　　　〕

(5) このとき起こった変化は，マグネシウム原子を①，酸素原子を○で表すと，右の図のようなモデルで表すことができる。これをもとに，この化学変化の化学反応式を書きなさい。

① ① ＋ ○○ ⟶
①① ①①

〔　　　　　　　　　　　〕

2 鉄粉を主成分とする化学かいろの発熱について，下の実験1，2を行った。これについて，次の問いに答えなさい。　（各7点×4 **28**点）

〔実験1〕 図1のように，A，B，Cの3個の化学かいろを用いて，発熱の状態を比べると，図のようになった。

〔実験2〕 図2のように，発熱しているBの化学かいろを，底を切りとったペットボトルの内側にはりつけ，ふたをゆるめて水の入った水そうに立てた。その後，ふたをしっかり閉めて，1時間放置した。

図1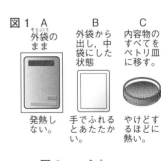

A 外袋のまま　発熱しない。

B 外袋から出し，中袋にした状態　手でふれるとあたたかい。

C 内容物のすべてをペトリ皿に移す。　やけどするほどに熱い。

図2

ペットボトル　ふた　発熱している化学かいろ　水そう

(1) 実験2で，1時間後，ペットボトル内の水位はどうなっているか。

〔　　　　　　　　　〕

(2) 化学かいろが発熱するとき，空気中のどの気体が使われるかを調べるため，**実験2の後**，ペットボトルのふたをとり，燃えているろうそくを針金につけてすばやく中に入れたところ，火はすぐに消えた。このことから，化学かいろが発熱するときに使われた気体は何と考えられるか。化学式で答えなさい。〔　　　　　　　〕

(3) BとCについて，発熱している時間はどうなるか。次の**ア〜ウ**から選び，記号で答えなさい。

〔　　　　　　　〕

　ア　Bの方が長い。　　イ　同じ。　　ウ　Cの方が長い。

(4) (3)から，鉄の化学変化がゆるやかに進んだのは，B，Cのどちらといえるか。

〔　　　　　　　〕

❸ 右の図のような装置で，水の電気分解を行った。次の問いに答えなさい。　　　　　（各7点×6　**42**点）

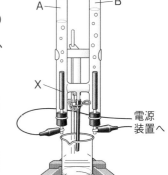

(1) 水の電気分解をするとき，水に水酸化ナトリウムを少し加えた。その理由を簡単に答えなさい。

〔　　　　　　　　　　　　　　　　　　　　　　　　　〕

(2) 図の電極Xは，陽極，陰極のどちらか。

〔　　　　　　　〕

(3) 図の電極Xは，電源装置の＋極，－極のどちら側につながれた電極か。〔　　　　　　　〕

(4) 管に集まった気体Bは何か。気体名を答えなさい。

〔　　　　　　　〕

(5) この電気分解における化学変化を，化学反応式で表しなさい。

〔　　　　　　　〕

(6) 実験中，誤って水酸化ナトリウムを加えた水が皮膚についてしまったとき，どうすればよいか。簡単に答えなさい。〔　　　　　　　〕

1 電気の流れ

① **回路** 乾電池の＋極と，豆電球，乾電池の－極を，導線でつなげると，電気の通り道が１つの輪になり，電気が流れて豆電球がつく。この電気の通り道を回路という。

② **電流** 電気の流れを電流という。

③ **電流の向き** 乾電池の＋極から出て，豆電球やモーターを通り，乾電池の－極へ流れる。

④ **電流の向きとモーターの回る向き** 電流の向きを反対にすると，モーターの回る向きは反対になる。

⑤ **電流の向きと検流計の針のふれる向き** 電流の向きを反対にすると，検流計の針のふれる向きは反対になる。

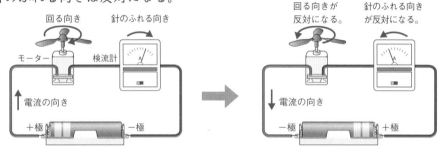

2 乾電池のつなぎ方とはたらき

① **乾電池の直列つなぎ** １個の乾電池の＋極と，もう１個の乾電池の－極がつながっていて，回路が１つの輪になっているつなぎ方。乾電池１個のときより，電流は大きくなり，豆電球は明るくなり，検流計の針は大きくふれる。

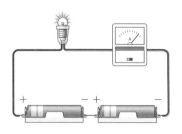

② **乾電池の並列つなぎ** ２個の乾電池の＋極どうし，－極どうしがつながっていて，回路が途中で分かれているつなぎ方。乾電池１個のときと電流の大きさ，豆電球の明るさ，検流計の針のふれ方は同じ。

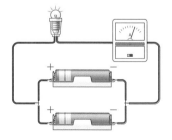

復習ドリル

1️⃣ 右の図は，乾電池と豆電球を導線でつなぎ，豆電球の明かりをつけたようすを表している。次の問いに答えなさい。

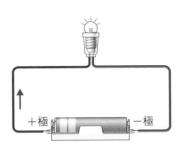

＋極　　　　　　　－極

(1) 電気の通り道のことを何というか。　〔　　　　　　　　〕

(2) 電気の流れのことを何というか。　〔　　　　　　　　〕

(3) 図の矢印は，何の向きを表しているか。〔　　　　　　　　〕

(4) 図の乾電池の向きを反対にすると，(3)の向きはどうなるか。次のア，イから選び，記号で答えなさい。　〔　　　〕

　ア　変わらない。　　イ　反対になる。

2️⃣ 乾電池と豆電球をつないで，下の図のA〜Cのような回路をつくった。次の問いに答えなさい。

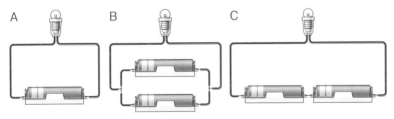

A　　　　　　　B　　　　　　　C

(1) 図のB，Cのような乾電池のつなぎ方を何というか。

B〔　　　　　　　〕　C〔　　　　　　　〕

(2) Bの豆電球の明るさは，Aの豆電球の明るさと比べてどうか。次のア〜ウから選び，記号で答えなさい。　〔　　　〕

　ア　Aより明るい。

　イ　Aより暗い。

　ウ　同じ。

(3) Cの豆電球の明るさは，Aの豆電球の明るさと比べてどうか。(2)のア〜ウから選び，記号で答えなさい。　〔　　　〕

思い出そう

◀電流は，乾電池の＋極から出て，豆電球を通り，乾電池の－極に流れる。

◀乾電池のつなぎ方には，直列つなぎと並列つなぎがある。

◀乾電池の直列つなぎや並列つなぎと，乾電池1個のときを比べる。

5章 電流の正体-1

① 静電気

① **静電気**　2種類の物質を摩擦することによって生じる電気。

●**電気の種類**…＋と－の2種類がある。

●**電気の力**…同じ種類の電気どうしではしりぞけ合い，異なる種類の電気どうしでは引き合う。離れていてもはたらく力。

② **電子**　摩擦により，物質の中にある－の電気をもつ小さな粒子が移動して，静電気が生じる。この－の電気をもつ小さな粒子を電子という。

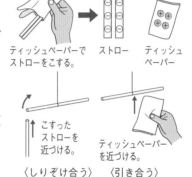

ティッシュペーパーでストローをこする。　ストロー　ティッシュペーパー

こすったストローを近づける。　ティッシュペーパーを近づける。

〈しりぞけ合う〉　〈引き合う〉

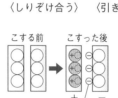

こする前　こすった後

＋　－
電子

✦ 覚えると得 ✦

静電気や真空放電を利用したもの
静電気…コピー機，空気清浄機など。
真空放電…蛍光灯，水銀灯など。

② 放電と電流

① **放電と電流**　摩擦などによって物質にたまった電気（静電気）が移動すると，電流が流れる。この現象を放電という。　**例** 雷

② **真空放電**　気体の圧力を小さくした空間に電流が流れる現象。

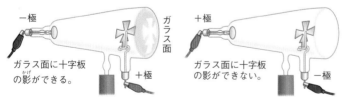

－極　　　　　ガラス面　　　　＋極

ガラス面に十字板の影ができる。　　ガラス面に十字板の影ができない。

●**真空放電の実験**…十字板を入れた放電管に高い電圧を加えて真空放電させると，－極から＋極に向かって電子が飛び出し，直進することがわかる。
　↳－の電気をもつ。

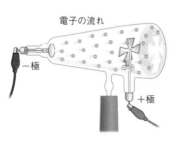

電子の流れ

－極　　　＋極

誘導コイル

100Vの電圧を数万Vに変圧する装置。放電管につなぎ，管内の空気を真空ポンプで抜いていくと，放電が起こり始める。この放電は雷とちがって，継続する。

基本チェック 左の「学習の要点」を見て答えましょう。

① 静電気について，次の文の〔　　〕にあてはまることばを書きなさい。

チェック P.60 ❶ ❷

(1) 2種類の物質を摩擦することによって生じる電気を〔　　　　　　　〕という。

(2) 電気には〔① 　　　　　〕と〔② 　　　　　〕の2種類がある。

(3) 同じ種類の電気どうしは〔① 　　　　　　　　〕合い，異なる種類の電気どうし
は〔② 　　　　　〕合う。

(4) 摩擦により，物質の中にある〔① 　　　　〕の電気をもつ小さな粒子が移動して，
静電気が生じる。この①の電気をもつ小さな粒子を〔② 　　　　　〕という。

(5) 摩擦などによって物質にたまった電気が移動すると，〔① 　　　　　〕が流れる。
この現象を〔② 　　　　　〕という。

② 右の図1のように，ティッシュペーパーで2本のストローをこすると，物体が電
気を帯びる。次の問いに答えなさい。

チェック P.60 ❶

(1) 2本のストローが帯びている電気は，同じ種類か，
異なる種類か。　　〔　　　　　　　　〕

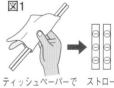

図1

ティッシュペーパーで　ストロー　ティッシュ
ストローをこする。

(2) ストローが－の電気を帯びているとしたら，
ティッシュペーパーはどちらの電気を帯びていると
いえるか。　　　　　〔　　　　　　　　〕

(3) 図2のように，こすったストローどうしを近づけ
るとどうなるか。　　〔　　　　　　　　〕

(4) 図3のように，ティッシュペーパーをストローに
近づけるとどうなるか。〔　　　　　　　　〕

図2　　　　図3

こすった
ストローを
近づける。

ティッシュペーパー
を近づける。

③ 次の問いに答えなさい。

チェック P.60 ❷

(1) 放電管の内部の空気を真空ポンプで抜いて，高い電圧を加えると，電流が流れ
て放電管が光る現象を何というか。　　　　　　〔　　　　　　　　〕

(2) (1)の現象を起こすために，高い電圧を作り出す装置を何というか。

〔　　　　　　　　〕

③ 電流の正体

① **電流の向きと電子の流れ**

● 電流…−の電気をもつ電子
の流れ。電子が移動するこ
とによって電流が流れる。

● 電子の流れの向き…−極から
＋極へ。
└→ −の電気をもつ。

● 電流の向き…＋極から−極へ。
電子が発見される前に，このように約束された。

② **金属中を流れる電流の正体**

金属中には自由に動き回ってい
る電子が存在する。これらの電
子が，＋極へ向かう流れ。

③ **陰極線** 放電管内を，−極か
└→ 電子線ともいう。
ら＋極へ向かう電子の流れ。

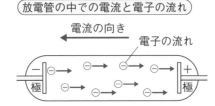

放電管の中での電流と電子の流れ

電流の向き　　　　電子の流れ

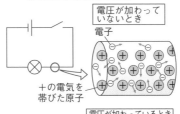

金属中の電子と電流

電圧が加わっていないとき
電子
＋の電気を帯びた原子

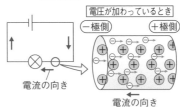

電圧が加わっているとき
−極側　　　＋極側
電流の向き　　　　電流の向き

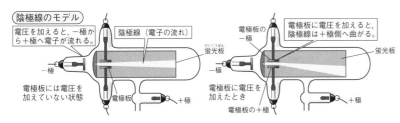

陰極線のモデル

電圧を加えると，−極から＋極へ電子が流れる。
陰極線（電子の流れ）
蛍光板
−極
電極板には電圧を加えていない状態
電極板

電極板の−極
蛍光板
−極
電極板に電圧を加えたとき
電極板の＋極
＋極
電極板に電圧を加えると，陰極線は＋極側へ曲がる。

④ 放射線とその利用

① **放射性物質** 放射線を出す物質。

② **放射線の種類** 高速な粒子
の流れである α 線・β 線，電磁
波の一種である γ 線・X 線など。

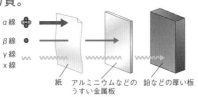

α 線
β 線
γ 線
x 線

紙　　アルミニウムなどのうすい金属板　　鉛などの厚い板

③ **放射線の性質** 物質を通り抜ける性質（透過性）や，原子構
└→ 放射線の種類によって異なる。
造を変え，物質を変性させる性質がある。

④ **放射線の利用** X線検査，CT，放射線治療，発芽防止など。
└→ 放射線の透過性を利用。　└→ 細胞を死滅させる性質を利用。

基本
チェック　左の「学習の要点」を見て答えましょう。

④ 電流と電子について，次の文の〔　　〕にあてはまることばを書きなさい。

チェック P.62 ❸

(1)　放電管の中を〔　　　　　　〕が移動することによって電流が流れる。

(2)　電子は〔①　　　　　　〕極から〔②　　　　　　〕極へ移動し，電流は〔③　　　　　〕極から〔④　　　　　〕極へ向かって流れる。

(3)　金属内で，原子から離れて自由に動き回っている〔①　　　　　　　　〕が，いっせいに〔②　　　　　〕極へ向かう流れが，電流の正体である。

(4)　放電管内を，－極から＋極へ向かう電子の流れを〔　　　　　　　　〕という。

(5)　放電管内の電極板に電圧を加えると，陰極線は〔　　　　　〕極側へ曲がる。

⑤ 放射線について，次の文の〔　　〕にあてはまることばを書きなさい。(4)については，下の{　　}の中から選んで書きなさい。

チェック P.62 ❹

(1)　放射線を出す物質を〔①　　　　　　　　〕といい，①が放射線を出す能力を〔②　　　　　　〕という。

(2)　放射線には，高速な粒子の流れであるα線，〔　　　　　　　〕，電磁波であるγ線，X線などがある。

(3)　放射線の物質を通り抜ける性質を〔①　　　　　　〕といい，種類によって異なる。下の図で，①がもっとも小さいのは，〔②　　　　　　〕である。

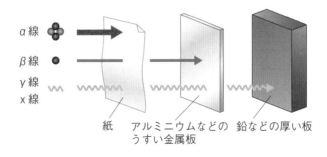

α線
β線
γ線
X線

紙　　アルミニウムなどの　鉛などの厚い板
　　　うすい金属板

(4)　放射線の透過性を利用したものには，X線撮影や〔　　　　　　　〕がある。

{　がんの放射線治療　　　ＣＴ　　　じゃがいもの発芽防止処理　}

1 電気を通さない2種類の物体をこすり合わせると，物体が電気を帯びることがある。次の問いに答えなさい。　《 チェック P.60① 　（各5点×4　**20**点）

(1) 電気を通さない2種類の物体をこすり合わせたときに生じる電気を何というか。

〔　　　　　　　　　　〕

(2) 電気を通さない2種類の物体をこすり合わせたとき，一方が＋の電気を帯びたとすると，もう一方の物体は＋，－のどちらの電気を帯びているか。

〔　　　　　　　　　　〕

(3) 同じ種類の電気どうしは引き合うか，しりぞけ合うか。〔　　　　　　　〕

(4) 電気を帯びた物体どうしには，引き合ったり，しりぞけ合ったりする力がはたらく。このような力を何というか。　〔　　　　　　　〕

2 右の図のように，十字板を入れた真空放電管に高い電圧を加えたところ，ガラス面に十字の影ができた。次の問いに答えなさい。

《 チェック P.60② 　（各4点×3　**12**点）

(1) 図の電極Aは，＋極か，－極か。　〔　　　　　　　〕

(2) 真空放電管につながる＋極と－極を入れ替えて同じ実験を行うと，十字の影ができるか，できないか。　〔　　　　　　　〕

(3) この現象を利用した電気器具を，下の{ 　 }の中から選んで書きなさい。

〔　　　　　　　〕

{ 　ホットプレート　　ドライヤー　　蛍光灯　　ラジオ　}

3 陰極線について，次の文の〔　　〕にあてはまる記号やことばを書きなさい。

《 チェック P.62②③ 　（各5点×4　**20**点）

陰極線は〔①　　　　　〕の電気をもった小さな粒子の流れで，この粒子を〔②　　　　　　　〕という。②の粒子は，〔③　　　〕極から〔④　　　〕極の向きに流れる。

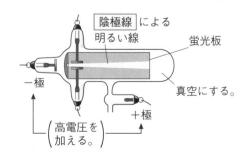

4 右の図は，金属の中を電流が流れるしくみを模式的に表したものである。次の問いに答えなさい。　　《 チェック P.62❸ （各4点×4 **16**点）

(1) 図のXは何を表しているか。　　〔　　　　　〕

(2) 電圧を加えたときの金属の中の状態は，A，Bのどちらか。　　〔　　　　　〕

(3) (2)のとき，電源の＋極は，ア，イのどちら側か。

〔　　　　　〕

(4) 電流の向きは，ア→イ，イ→アのどちらか。

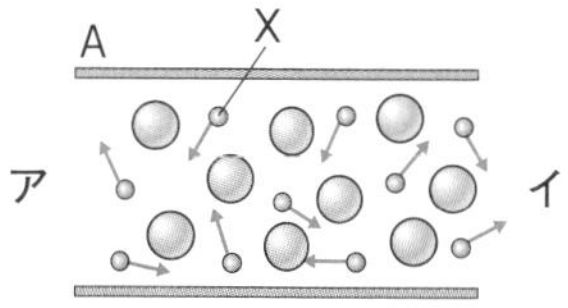

〔　　　　　〕

A　　X
ア　　　　　　イ

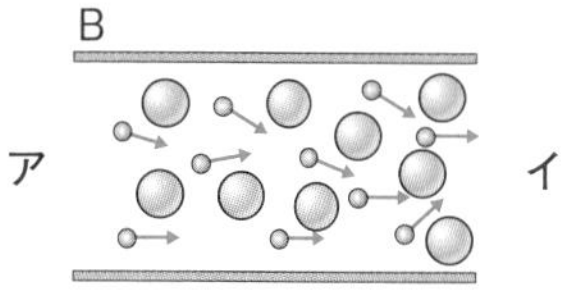

B
ア　　　　　　イ

5 放射線について，次の問いに答えなさい。　《 チェック P.62❹ （各5点×4 **20**点）

(1) 放射線を出す物質を何というか。

〔　　　　　〕

(2) 放射性物質が放射線を出す能力を何というか。

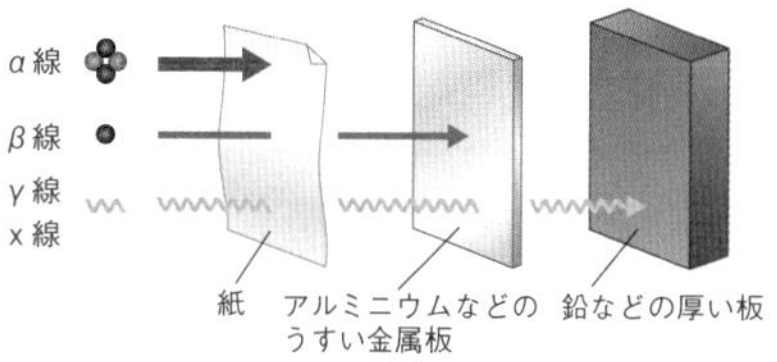

〔　　　　　〕

α線
β線
γ線
x線

紙　　アルミニウムなどの　鉛などの厚い板
　　　うすい金属板

(3) 放射線の性質のうち，上の図のように，物質を通り抜ける性質を何というか。

〔　　　　　〕

(4) 上の図のうち，ドイツの科学者レントゲンによって，真空放電の研究中に発見された放射線はどれか。　　〔　　　　　〕

6 放射線の利用と身のまわりの放射線について，次の問いに答えなさい。

《 チェック P.62❸❹ （各6点×2 **12**点）

(1) 放射線の透過性を利用しているものを，次のア～カからすべて選び，記号で答えなさい。　　〔　　　　　〕

ア　CT画像診断　　イ　ジャガイモの発芽防止処理　　ウ　強化プラスチック

エ　空港での手荷物検査　　オ　レントゲン撮影　　カ　がんの放射線治療

(2) 放射線の細胞や物質への作用(性質を変化させるなど)を利用しているものを，(1)のア～カからすべて選び，記号で答えなさい。　　〔　　　　　〕

1 静電気によって，いろいろな現象が起こる。それぞれの現象について，次の問い
に答えなさい。 (各8点×4　**32**点)

(1) 右の図のように，それぞれ別のティッシュペーパー
でよくこすった細かくさいたポリエチレンのひもとポ
リ塩化ビニルの管を近づけたところ，ひもは浮いた。
このとき，静電気によって，しりぞけ合う力と引き合
う力のどちらがはたらいたか。

〔　　　　　　　　　〕

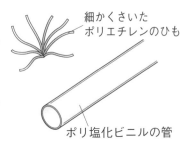

細かくさいた
ポリエチレンのひも

ポリ塩化ビニルの管

(2) ポリエチレンのひもとポリ塩化ビニルの管が帯びている電気の種類は，同じか，
ちがうか。 〔　　　　　　　　　〕

(3) ポリエチレンのひもに，こすったティッシュペーパーを近づけると，しりぞけ合
う力と引き合う力のどちらがはたらくか。 〔　　　　　　　　　〕

(4) 衣服がからだにまとわりついた。このとき，衣服とからだとでは，帯びている電
気の種類は同じか，ちがうか。 〔　　　　　　　　　〕

2 右の図のように，真空放電を行った。次の問いに答
えなさい。 (各6点×3　**18**点)

(1) 放電が起こると，蛍光板に明るい線ができた。これ
は，電極Aから何という粒子が飛び出したためか。

〔　　　　　　　　　〕

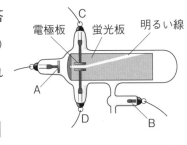

電極板　蛍光板　明るい線

C

A

D　　B

(2) 電極A，Bのうち，－極はどちらか。 〔　　　　　　　　　〕

(3) 図で，明るい線が上に曲がっていることから，電極Cは＋極，－極のどちらだと
考えられるか。 〔　　　　　　　　　〕

得点UP
コーチ

1(1), (2)ひもが浮いたということは，しり
ぞけ合う力がはたらいたことになる。
同じ種類の電気どうしでは，しりぞけ

合う。
2(2)電子は－極から飛び出す。

発展ドリル 🌱 **5章 電流の正体**

1 右の図のように，乾いたセーターなどでこすった下じきにネオン管を近づけると，一瞬点灯した。次の問いに答えなさい。　　　（各7点×3 **21**点）

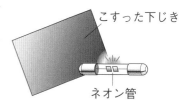

こすった下じき

ネオン管

(1) 下じきをこすったことで，下じきにたまった電気のことを何というか。　　　〔　　　　　　〕

(2) 電気の流れを，一般に何というか。　　　　　〔　　　　　　〕

(3) 上の実験で，下じきにたまった電気がネオン管に流れるように，たまっていた電気が流れ出す現象や，電気が空間を移動する現象を何というか。

〔　　　　　　〕

2 右の図は，金属線の両端A，Bに電圧を加えたとき，金属線の中を電流が流れるしくみを，モデルで表したものである。次の問いに答えなさい。

（(2)5点，他各6点×4 **29**点）

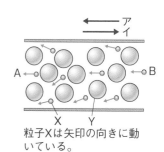

粒子Xは矢印の向きに動いている。

(1) 図中のXは何を表しているか。

〔　　　　　　〕

(2) X，Yの粒子のうち，－の電気をもっているのはどちらか。　　　〔　　　〕

(3) 図のようすから，金属線の両端A，Bのうち，電源の＋極側はどちらと考えられるか。　　　　　〔　　　〕

(4) 電流の向きはア，イのどちらか。　　　　　〔　　　〕

(5) 金属線の両端に電圧を加えていないとき，図中のXの粒子のようすはどうなるか。次のア～エから選び，記号で答えなさい。　　　　〔　　　〕

ア　静止する。　　　　　イ　逆の向きに動いていく。

ウ　消えてなくなる。　　エ　いろいろな向きに，自由に動く。

得点**UP**コーチ

1 (2)電気の流れを電流という。
(3)電気が空間を移動する現象を放電という。

2 (1)金属の中には，自由に動き回っている電子がある。

6章 電流・電圧の関係−1

❶ 回路

① **回路** 電流が流れる道筋のこと。

● **電流が流れる向き**…電源の＋極から出て，導線を通り，電源の−極に入る。

② **回路図** 電気用図記号を用いて，回路全体を表した図を回路図という。

電気用図記号	電池(電源)	電球	抵抗器(電熱線)
	スイッチ	電流計 Ⓐ	電圧計 Ⓥ

③ **直列回路と並列回路**

● **直列回路**…電流の通り道が枝分かれしないで<u>１本につながっている</u>回路。

↳このようなつなぎ方を直列つなぎという。

● **並列回路**…電流の通り道が枝分かれしてつながっている回路。

↳このようなつなぎ方を並列つなぎという。

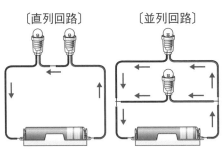

〔直列回路〕　　〔並列回路〕

●豆電球1個の明るさは，
直列回路…1個つないだときより暗い。
並列回路…1個つないだときと同じ。

❷ 電流・電圧のはかり方

① **電流** 回路中の電気の流れ。

● **電流の単位**…アンペア〔A〕，<u>ミリアンペア〔mA〕</u>
↳1mA＝0.001A

② **電流計** 回路のはかりたい部分に直列につなぐ。

③ **電圧** 回路に電流を流そうとするはたらき。

● **電圧の単位**…ボルト〔V〕

④ **電圧計** 回路のはかりたい部分に並列につなぐ。電圧計の＋端子を電源の＋極側，−端子を電源の−極側につなぐ。

電流計・電圧計のつなぎ方

回路に直列につなぐ。

スイッチ

乾電池

抵抗器

電流計

回路に並列につなぐ。

電圧計

回路図

✦ 覚えると得 ✦

電気用図記号

電池(電源)

線の長い方が＋極。

−極　＋極

−端子の選び方

測定値が予測できないときは，まず最大の値の−端子につなぎ，次に，適当な−端子につなぎかえる。

目盛りの読み方

−端子
5Aのとき………3.20A
500mAのとき…320mA

−端子
15Vのとき……8.50V
3Vのとき……1.70V

＊最小目盛りの10分の1まで読みとる。

重要 テストに出る

●電流計は回路に直列に，電圧計は並列につなぐ。

基本チェック

左の「学習の要点」を見て答えましょう。

① 回路について，次の文の〔　　〕にあてはまることばを書きなさい。

チェック P.68①

(1) 電流が流れる道筋を〔　　　　　　〕という。

(2) 電流は，電源の〔①　　　　　〕極から出て，導線を通り，電源の〔②　　　　　〕極に入る。

(3) 電気用図記号を用いて，回路全体を表した図を〔　　　　　　〕という。

(4) 電流の通り道が枝分かれしないで1本につながっている回路を〔①　　　　　〕回路といい，このようなつなぎ方を〔②　　　　　〕つなぎという。

(5) 電流の通り道が枝分かれしてつながっている回路を〔①　　　　　〕回路といい，このようなつなぎ方を〔②　　　　　〕つなぎという。

(6) 次の①～③の電気用図記号が表すものを答えなさい。また，④～⑥は電気用図記号をかきなさい。

① Ⓐ 〔　　　　　〕　　　② ─□─ 〔　　　　　〕　　　③ ─┤├─ 〔　　　　　〕

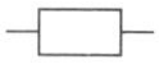

④ スイッチ 〔　　　　　〕　　　⑤ 電圧計 〔　　　　　〕　　　⑥ 電球 〔　　　　　〕

② 右の図のように，回路に流れる電流と抵抗器に加わる電圧の大きさをはかる。次の問いに答えなさい。

チェック P.68②

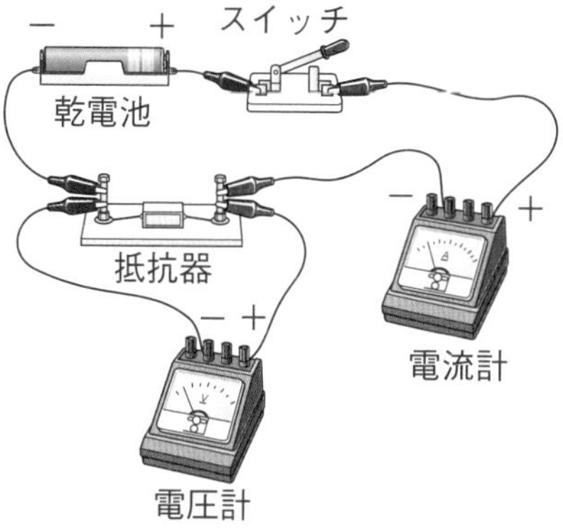

(1) 電流計は回路のはかりたい部分にどのようにつなぐか。〔　　　　　　　〕

(2) 電圧計は回路のはかりたい部分にどのようにつなぐか。〔　　　　　　　〕

(3) 電流計や電圧計を使うとき，測定値が予測できないときに使う－端子は，最大の値，最小の値のどちらのものを使うか。

〔　　　　　　　〕

乾電池　スイッチ　抵抗器　電流計　電圧計

6章 電流・電圧の関係 − 2

❸ 直列回路の電流・電圧

① **直列回路の電流** 直列回路を流れる電流の大きさは，回路のどの点も等しい。

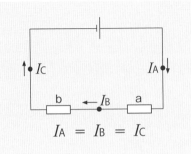

$$I_A = I_B = I_C$$

② **直列回路の電圧** 直列回路全体の電圧は，各抵抗器に加わる電圧の和に等しい。

電源の電圧 ← ていこうき

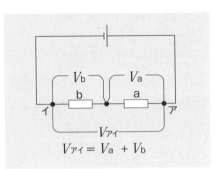

$$V_{アイ} = V_a + V_b$$

❹ 並列回路の電流・電圧

へいれつ

① **並列回路の電流** 並列回路全体に流れる電流の大きさは，各抵抗器を流れる電流の和に等しい。

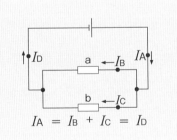

$$I_A = I_B + I_C = I_D$$

② **並列回路の電圧** 並列回路全体の電圧と，各抵抗器に加わる電圧は，等しい。

電源の電圧 ←

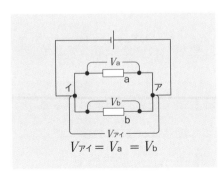

$$V_{アイ} = V_a = V_b$$

直列回路のモデル

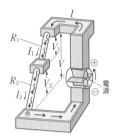

$$I = I_1 = I_2$$
$$V = V_1 + V_2$$

流れる水の量が電流の大きさ，水位の落差が電圧の大きさを表す。

並列回路のモデル

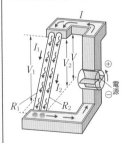

$$I = I_1 + I_2$$
$$V = V_1 = V_2$$

流れる水の量が電流の大きさ，水位の落差が電圧の大きさを表す。

③ 直列回路の電流・電圧について，次の問いに答えなさい。 《チェック P.70③》

(1) 図1の直列回路を流れる電流I_1，I_2，I_3の間には，どのような関係があるか。次のア〜ウから選び，記号で答えなさい。〔　　　〕

ア　$I_1 = I_2 + I_3$　　イ　$I_1 > I_2 > I_3$

ウ　$I_1 = I_2 = I_3$

図1

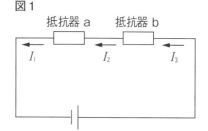

(2) 図2の電圧計Ⅰ，Ⅱ，Ⅲの電圧をV_1，V_2，V_3とすると，V_1，V_2，V_3の間には，どのような関係があるか。次のア〜ウから選び，記号で答えなさい。〔　　　〕

ア　$V_1 = V_2 + V_3$　　イ　$V_1 > V_2 > V_3$

ウ　$V_1 = V_2 = V_3$

図2

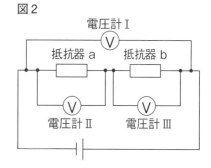

④ 並列回路の電流・電圧について，次の問いに答えなさい。 《チェック P.70④》

(1) 図1の並列回路を流れる電流I_1，I_2，I_3の間には，どのような関係があるか。次のア〜ウから選び，記号で答えなさい。〔　　　〕

ア　$I_1 = I_2 = I_3$　　イ　$I_1 + I_2 = I_3$

ウ　$I_1 > I_2 > I_3$

図1

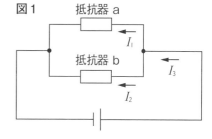

(2) 図2の電圧計Ⅰ，Ⅱ，Ⅲの電圧をV_1，V_2，V_3とすると，V_1，V_2，V_3の間には，どのような関係があるか。次のア〜ウから選び，記号で答えなさい。〔　　　〕

ア　$V_1 = V_2 = V_3$　　イ　$V_1 + V_2 = V_3$

ウ　$V_1 > V_2 > V_3$

図2

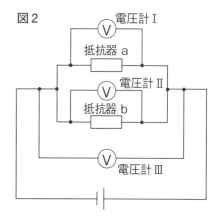

基本ドリル 🌱

6章 電流・電圧の関係

1 回路には，1本の道筋でつながっている直列回路と，枝分かれした道筋でつながっている並列回路がある。次の問いに答えなさい。

《 チェック P.68 ① 》（各5点×4 **20**点）

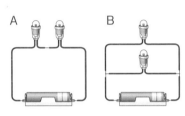

(1) 右の図のA，Bのような豆電球のつなぎ方をしている回路のことを，それぞれ何というか。

A〔　　　　　　〕 B〔　　　　　　〕

(2) A，Bの回路で，それぞれ1つの豆電球をはずすと，もう1つの豆電球の明かりはつくか。　　　　　　A〔　　　　　　〕 B〔　　　　　　〕

2 右の図のように，2つの抵抗器ア，イを直列につないで回路をつくった。次の問いに答えなさい。

《 チェック P.70 ③ 》（各4点×5 **20**点）

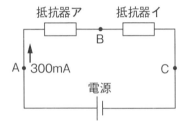

(1) 図の回路のA点に流れる電流の大きさをはかったところ，300mAだった。このとき，抵抗器ア，B点，抵抗器イ，C点を流れる電流の大きさは，それぞれ何mAか。

抵抗器ア〔　　　　　　〕 B点〔　　　　　　〕
抵抗器イ〔　　　　　　〕 C点〔　　　　　　〕

(2) 抵抗器アと抵抗器イの両端に加わる電圧をそれぞれはかったところ，抵抗器アでは1.2V，抵抗器イでは1.8Vを示した。このとき，AC間に加わる電圧は何Vか。

〔　　　　　　　　　　〕

3 図1，図2の回路について，次の問いに答えなさい。

《 チェック P.70 ③ 》（各4点×4 **16**点）

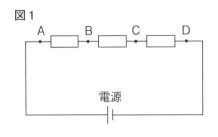
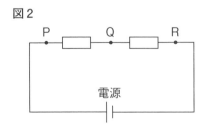

(1) 図1の回路で，AB間の電圧は3.0V，BC間の電圧は5.0Vである。次の①～③に答えなさい。

　① AC間の電圧は何Vか。 〔　　　　　〕

　② A点を流れる電流は2.0Aであった。C点を流れる電流は何Aか。

〔　　　　　〕

　③ CD間の電圧は4.0Vであった。電源の電圧は何Vか。

〔　　　　　〕

(2) 図2の回路で，電源の電圧は9.0V，PQ間の電圧は2.5Vであった。QR間の電圧は何Vか。 〔　　　　　〕

4 右の図のような並列回路の電流と電圧について，次の問いに答えなさい。 《 チェック P.70 ④ （各4点×11 **44**点）

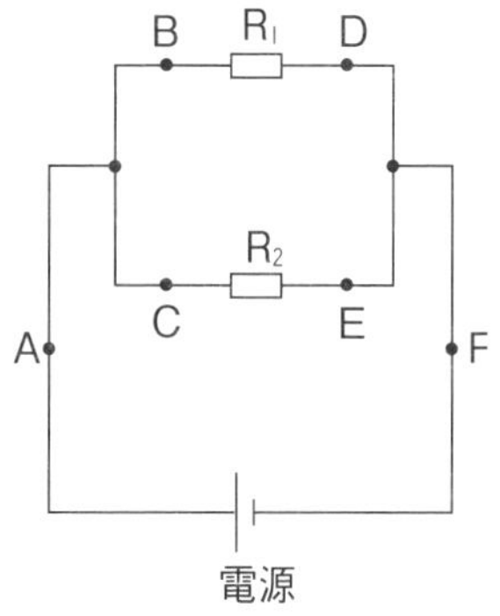

(1) 図の回路のB点を流れる電流が0.1Aで，C点を流れる電流が0.2Aのとき，次の①，②に答えなさい。

　① D，Eの各点を流れる電流の大きさは，それぞれ何Aか。 D点〔　　　　　〕 E点〔　　　　　〕

　② A，Fの各点を流れる電流の大きさは，それぞれ何Aか。 A点〔　　　　　〕 F点〔　　　　　〕

(2) 図の回路のA点を流れる電流が1.0Aで，D点を流れる電流が0.4Aのとき，次の①，②に答えなさい。

　① B，C，Eの各点を流れる電流の大きさは，それぞれ何Aか。

　　B点〔　　　　〕 C点〔　　　　〕 E点〔　　　　〕

　② F点を流れる電流の大きさは，何Aか。 〔　　　　　〕

(3) BD間の電圧の大きさが3.0Vのとき，次の①～③に答えなさい。

　① 電源の電圧は何Vか。 〔　　　　　〕

　② CE間の電圧は何Vか。 〔　　　　　〕

　③ AF間の電圧は何Vか。 〔　　　　　〕

練習ドリル

6章 電流・電圧の関係①

1 右の図は，豆電球2個，スイッチ，乾電池(かんでんち)を使った回路を表したものである。次の問いに答えなさい。 (各8点×5 **40**点)

(1) 図の回路のスイッチを入れたとき，a点・b点を流れる電流の向きを，□に矢印でかきなさい。

(2) 図の回路を，電気用図記号を用いて□にかきなさい。

(3) 図のように豆電球をつないだ回路を何というか。
〔　　　　　　　　　　〕

(4) 図の回路で，豆電球を1つはずすと，もう1つの豆電球の明かりはつくか。 〔　　　　　　　　　　〕

2 図1のような回路をつくって，豆電球に流れる電流の大きさをはかった。次の問いに答えなさい。 (各5点×4 **20**点)

図1

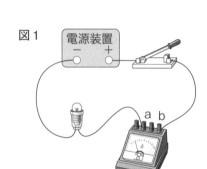

(1) 図1の電流計と豆電球のつなぎ方を何というか。
〔　　　　　　　　　　〕

(2) 電流計のa，bは，それぞれ＋，－(プラス マイナス)のどちらの端子(たんし)か。
a〔　　　　　　　〕
b〔　　　　　　　〕

(3) 図1の回路のスイッチを入れると，電流計の針が図2のようにふれた。このとき流れた電流は何mAか。ただし，500mAの－端子を用いた。
〔　　　　　　　　　　〕

図2

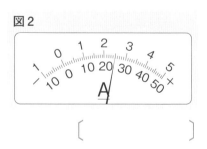

 得点UPコーチ

1 (3)豆電球が枝分かれしてつながっているのを並列つなぎといい，この回路を並列回路という。

2 (1)電流計は回路に直列につなぐ。
(3)500mAの－端子を用いたとき，最大500mAまで読みとることができる。

3 図1のような回路をつくって，豆電球に加わる電圧の大きさをはかった。次の問いに答えなさい。　　　（各5点×4　**20**点）

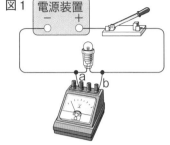

図1　電源装置

(1) 電圧計のa，bは，それぞれ＋，－のどちらの端子か。　　　a〔　　　　〕　b〔　　　　〕

(2) 図1の回路を，下の電気用図記号を用いて　にかきなさい。

$\otimes$　電球

V　電圧計

—|⊢　電池（電源）

_／_　スイッチ

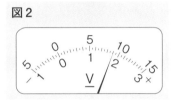

図2

(3) 図1の回路で，3Vの－端子を用いたとき，電圧計の針は図2のようになった。このとき，豆電球に加わっている電圧は何Vか。　　　〔　　　　　　〕

4 右の図の回路について，次の問いに答えなさい。

（各5点×4　**20**点）

(1) 電源の電圧が6.0Vのとき，抵抗器R_1，R_2，R_3に加わる電圧はそれぞれ何Vか。

R_1〔　　　　　　〕

R_2〔　　　　　　〕

R_3〔　　　　　　〕

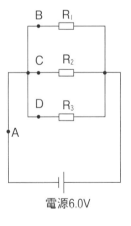

電源6.0V

(2) 図のB，C，Dの各点に流れる電流の大きさがそれぞれ，0.1A，0.2A，0.3Aだったとき，A点を流れる電流は何Aか。

〔　　　　　　〕

得点UP
コーチ

3(1)電圧計の＋端子は電源の＋極側，－端子は－極側につなぐ。　(3)15Vの－端子では，最大15Vまで読みとれる。

4(1)電源の電圧と各抵抗器に加わる電圧は等しい。　(2)A点を流れる電流の大きさは，(0.1＋0.2＋0.3)Aである。

練習ドリル 🌿

6章 電流・電圧の関係②

1 右の図のように，豆電球3個と電源，電流計をつないで回路をつくった。次の問いに答えなさい。 （各7点×5 **35**点）

(1) 右の図で，電流計が2.0Aを示していた。この電流計を，A，B，C，Dの各点に位置を変えてつないだとき，それぞれの点での電流計は，何Aを示すか。

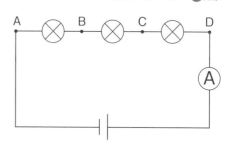

A点〔　　　　〕　　B点〔　　　　〕

C点〔　　　　〕　　D点〔　　　　〕

(2) 直列回路では，回路全体を流れる電流の大きさと，各豆電球に流れる電流の大きさは，どのような関係にあるか。簡単に答えなさい。

〔　　　　　　　　　　　　　　　　　　　　　　　　　　　　　　〕

2 右の図のように，豆電球3個と電源，電流計4個をつないで回路をつくったところ，電流計は，それぞれ下の表のような値を示した。次の問いに答えなさい。 （各5点×3 **15**点）

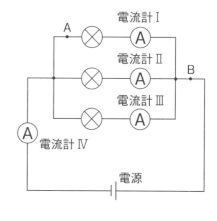

(1) 右の図のA，Bの各点で電流の大きさをはかると，それぞれ何Aになるか。

A点〔　　　　〕

B点〔　　　　〕

(2) 表の結果から考えて，回路全体を流れる電流の大きさと，各豆電球に流れる電流の大きさは，どのような関係があるか。簡単に答えなさい。

電流計	Ⅰ	Ⅱ	Ⅲ	Ⅳ
電流〔A〕	0.3	0.3	0.3	0.9

〔　　　　　　　　　　　　　　　　　　　　　　　　　　　　　　〕

得点UP コーチ

1 直列回路では，どこではかっても電流の大きさは同じで，回路全体の電流の大きさと等しい。

2 並列回路では，各豆電球に流れる電流の和が，回路全体を流れる電流の大きさと等しくなる。

3 右の図のように，豆電球3個と電源，電圧計4個をつないで回路をつくったところ，電圧計は，それぞれ下の表のような値を示した。次の問いに答えなさい。

（各5点×3 **15**点）

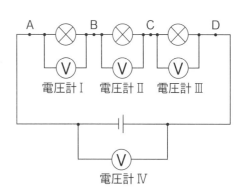

電圧計Ⅰ　電圧計Ⅱ　電圧計Ⅲ

電圧計Ⅳ

電 圧 計	Ⅰ	Ⅱ	Ⅲ	Ⅳ
電圧〔V〕	1.5	1.5	1.5	4.5

(1) 回路全体に加わる電圧の大きさと，各豆電球の両端（りょうたん）に加わる電圧の大きさは，どのような関係にあるか。簡単に答えなさい。

〔　　　　　　　　　　　　　　　　　　　　　　　　　　　　　　　　　〕

(2) BD間，AD間の電圧はそれぞれ何Vか。

BD間〔　　　　　　　〕　AD間〔　　　　　　　〕

4 右の図のように，豆電球3個を使って並列回路をつくった。次の問いに答えなさい。

（各7点×5 **35**点）

(1) BE間の電圧をはかったところ,1.5Vであった。CF間, DG間, AH間, 電源の電圧はそれぞれ何Vか。

CF間〔　　　　　　　〕

DG間〔　　　　　　　〕

AH間〔　　　　　　　〕

電源〔　　　　　　　〕

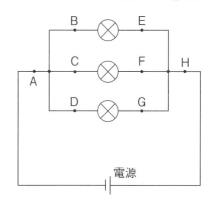

電源

(2) 回路全体に加わる電圧の大きさと，各豆電球に加わる電圧の大きさは，どのような関係にあるか。簡単に答えなさい。

〔　　　　　　　　　　　　　　　　　　　　　　　　　　　　　　　　　〕

3 直列回路での電圧は，各区間の電圧の大きさの和が，回路全体に加わる電圧の大きさと等しくなる。

4 並列回路では，どの区間の電圧をはかっても等しく，回路全体に加わる電圧の大きさと等しい。

6章 電流・電圧の関係

1 図1のように，豆電球A，Bを並列につないで回路をつくった。次の問いに答えなさい。

(各6点×3 **18**点)

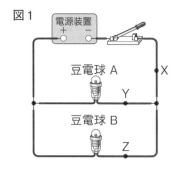

図1

(1) 回路全体を流れる電流の大きさをはかるには，図1のX，Y，Zのどこに電流計をつなげばよいか。

〔　　　　　　　　〕

(2) 豆電球Aから流れ出た電流の大きさは，図1のX，Y，Zのどこではかればよいか。

〔　　　　　　　　〕

(3) (1)のとき，電流計の針は図2のようにふれた。5Aの−端子を使ったとすると何Aか。

図2

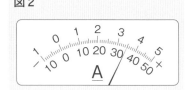

〔　　　　　　　　〕

2 下の図1，図2の回路の電流や電圧について，次の問いに答えなさい。

(各7点×4 **28**点)

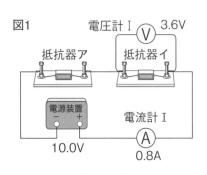

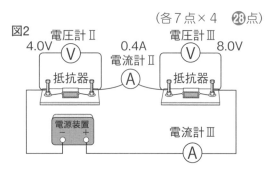

(1) 図1の回路の電源の電圧は10.0Vで，電流計Ⅰは0.8A，電圧計Ⅰは3.6Vを示している。抵抗器アに流れる電流の大きさと，加わる電圧の大きさはそれぞれいくらか。　　電流〔　　　　　　〕　電圧〔　　　　　　〕

(2) 図2の回路の電圧計Ⅱは4.0V，電圧計Ⅲは8.0V，電流計Ⅱは0.4Aを示している。電流計Ⅲは何Aを示すか。　　　　　　　　　　　〔　　　　　　　　〕

(3) 図2の電源の電圧は何Vか。　　　　　　　　　　〔　　　　　　　　〕

得点UP
コーチ

1 並列つなぎで道筋が分かれているとき，合流したところが回路全体の電流が流れているところである。

2 (1)直列回路の場合，各抵抗器に加わる電圧の和が，全体の電圧（電源の電圧）である。

3 右の図のように，豆電球A，Bをつないで回路をつくった。次の問いに答えなさい。　（各6点×2　**12**点）

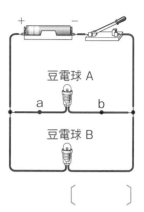

(1) 図のように豆電球をつないだ回路を何というか。

〔　　　　　　　　　〕

(2) 豆電球Aに加わる電圧の大きさをはかるとき，電圧計の＋端子は，図のa，bのどちらにつなげばよいか。

＜ルビ：プラス＞

〔　　　　　　　　　〕

4 下の図1，図2の回路の電流や電圧について，次の問いに答えなさい。

（各7点×6　**42**点）

図1

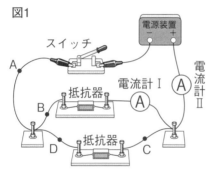

図2

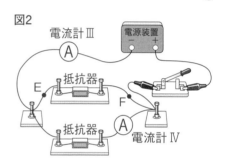

(1) 図1の回路のスイッチを入れると，電流計Ⅰは0.3A，電流計Ⅱは1.2Aを示した。

回路のA点，B点，C点に流れている電流の大きさは，それぞれ何Aか。

A点〔　　　　　　〕　B点〔　　　　　　〕　C点〔　　　　　　〕

(2) 図1の電源の電圧が9.0Vであるとすると，CD間に加わる電圧は何Vか。

〔　　　　　　　　　〕

(3) 図2の回路で，電流計Ⅲは1.0A，電流計Ⅳは0.6Aを示し，EF間の電圧は12.0Vだった。

E点を流れる電流の大きさは何Aか。　〔　　　　　　　　　〕

(4) 図2の電源の電圧は何Vか。　〔　　　　　　　　　〕

3(1)電流の通り道が枝分かれしているつなぎ方を並列つなぎという。　(2)電圧計の＋端子は，電源の＋極側につなぐ。

4(1)①B点の電流は電流計Ⅰの示す値と等しく，A点の電流は電流計Ⅱの示す値に等しい。C点は(1.2－0.3)Aである。

7章 電流・電圧と抵抗 −1

❶ 電流と電圧の関係

① **オームの法則** 回路を流れる電流は，加える電圧に**比例する**。
↳グラフは原点を通る直線◀

② **抵抗（電気抵抗）** 電流の流れ
↳記号Rで表す。
にくさのこと。1本の電熱線では，
$\dfrac{電圧〔V〕}{電流〔A〕}$の値は一定。この値を，
その電熱線の抵抗という。
↳抵抗が大きいほど電流は流れにくい。

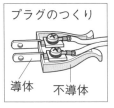

電流は電圧に比例する。

$R=\dfrac{6}{0.6}=10〔\Omega〕$

$R=\dfrac{6}{0.3}=20〔\Omega〕$

グラフの傾き大 ⇒抵抗小

● **抵抗の単位…オーム〔Ω〕** 1000Ω＝1kΩ
↳1Vの電圧を加えたとき，1Aの電流が流れるような抵抗の大きさを1Ωという。

③ **導体・不導体** 金属のように電流を通しやすい物質を**導体**，ガラスやゴムのように電流をほとんど通さない物質を**不導体**という。
↳抵抗が非常に大きい。　　　　　　　↳絶縁体ともいう。

プラグのつくり

導体　不導体

❷ オームの法則の利用

① **電流・電圧・抵抗の関係** $R〔\Omega〕$の抵抗に$V〔V〕$の電圧を加えたとき，流れる電流の大きさを$I〔A〕$とすると，

> **オームの法則**
>
> 電圧〔V〕＝抵抗〔Ω〕×電流〔A〕 （$V=RI$）
>
> 電流〔A〕＝$\dfrac{電圧〔V〕}{抵抗〔Ω〕}$ $\left(I=\dfrac{V}{R}\right)$
>
> 抵抗〔Ω〕＝$\dfrac{電圧〔V〕}{電流〔A〕}$ $\left(R=\dfrac{V}{I}\right)$
>
> 電圧1Vで電流1Aのとき，抵抗は1Ωである。

❶**電圧を求める** $V=RI$より，電圧Vは，
$$V=10\Omega×0.3A=3V$$

❷**電流を求める** $I=\dfrac{V}{R}$より，電流Iは，
$$I=\dfrac{3V}{10\Omega}=0.3A$$

❸**抵抗を求める** $R=\dfrac{V}{I}$より，抵抗Rは，
$$R=\dfrac{3V}{0.3A}=10\Omega$$

✦ 覚えると 得 ✦

物質の種類と抵抗

導体…電流を通しやすい（抵抗が小さい）物質。銀，銅などの金属。

不導体（絶縁体）…電流を通しにくい（抵抗が非常に大きい）物質。ゴム，ガラスなど。

半導体

導体と不導体の中間の性質をもつ物質。

オームの法則の公式の覚え方

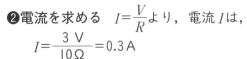

上の図で，求めるものを指でかくすと，公式がわかる。

基本チェック 左の「学習の要点」を見て答えましょう。

① 電流と電圧の関係について，次の文の〔　〕にあてはまることばや数を書きなさい。

《チェック P.80❶

(1) 回路を流れる電流が，加える電圧に比例することを〔　　　　　　〕の法則という。

(2) 電流の流れにくさを〔　　　　　〕という。

(3) 抵抗の単位は〔①　　　〕と書き，〔②　　　　　〕と読む。

(4) 1 kΩは〔　　　　〕Ωである。

(5) 金属のように電流を通しやすい物質を〔①　　　　　〕，ガラスやゴムのように電流をほとんど通さない物質を〔②　　　　　〕という。

② 電流・電圧・抵抗の関係について，次の問いに答えなさい。

《チェック P.80❷

(1) 次のオームの法則の式の〔　〕にあてはまることばを書きなさい。

・電圧〔V〕=〔①　　　　　〕〔Ω〕×〔②　　　　　〕〔A〕

・電流〔A〕= $\dfrac{〔③　　　　　〕〔V〕}{〔④　　　　　〕〔Ω〕}$

・抵抗〔Ω〕= $\dfrac{〔⑤　　　　　〕〔V〕}{〔⑥　　　　　〕〔A〕}$

(2) 電圧1Vで電流1Aのときの抵抗は何Ωか。〔　　　　　　〕

(3) 抵抗10Ω，流れる電流が0.3Aのとき，電圧は何Vか。式も書いて，答えを求めなさい。

式〔　　　　　　　　　　　　　〕 答え〔　　　　　〕

(4) 抵抗10Ω，電圧3Vのとき，流れる電流は何Aか。式も書いて，答えを求めなさい。

式〔　　　　　　　　　　　　　〕 答え〔　　　　　〕

(5) 電圧3V，流れる電流が0.3Aのとき，抵抗は何Ωか。式も書いて，答えを求めなさい。

式〔　　　　　　　　　　　　　〕 答え〔　　　　　〕

7章 電流・電圧と抵抗 – 2

❸ 直列回路の抵抗

① **直列回路の電圧・電流・抵抗の関係** 直列回路全体について，オームの法則は成り立つ。

② **直列回路全体の抵抗**
→合成抵抗ともいう。

直列回路の電流は，どの部分も等しく，電源の電圧は，各部分の電圧の和になる。したがって，R_1，R_2の抵抗を1つの抵抗Rと考えると，回路全体の抵抗（合成抵抗）Rは，$R=\dfrac{V}{I}=\dfrac{V_1+V_2}{I}=R_1+R_2$

各抵抗の大きさの和←

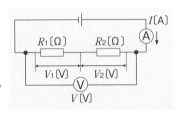

> 直列回路全体の抵抗は，各部分の抵抗の和に等しい。
>
> 直列回路の合成抵抗 $R=R_1+R_2$

❹ 並列回路の抵抗

① **並列回路の電圧・電流・抵抗の関係** 並列回路全体について，オームの法則は成り立つ。

② **並列回路全体の抵抗**

並列回路の電流は，各部分の電流の和になり，並列回路の電圧は，どの部分も電源の電圧に等しい。したがって，回路全体の抵抗をR，それぞれの抵抗をR_1，R_2とすると，

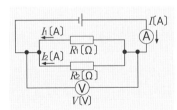

$R=\dfrac{V}{I}=\dfrac{V}{I_1+I_2}$, $R_1=\dfrac{V}{I_1}$, $R_2=\dfrac{V}{I_2}$

> 並列回路全体の抵抗は，各部分の抵抗より小さい値になる。
>
> $\dfrac{1}{R}=\dfrac{1}{R_1}+\dfrac{1}{R_2}$

✦ 覚えると得 ✦

グラフから抵抗を求める方法
①値の読みやすい点で電流，電圧を読む。
②$V=RI$に代入して，Rの値を求める。

重要 テストに出る

●直列回路

全体の電圧 ＝ 各部分の電圧の和

流れる電流は等しい。

●並列回路

全体の電流 ＝ 各部分の電流の和

加わる電圧は等しい。

③ 直列回路の抵抗について，次の問いに答えなさい。

《 チェック P.82 ③

(1) 次の文の〔　　〕にあてはまることばを書きなさい。

・直列回路全体について，オームの法則は〔① 　　　　　　　　〕。

・直列回路の〔② 　　　　〕は，どの部分も等しい。

・直列回路の電圧は，各部分の電圧の〔③ 　　　　〕になる。

・直列回路全体の抵抗は，各部分の抵抗の〔④ 　　　　〕に等しい。

(2) 右の図1のAB間の抵抗は何Ωか。

〔　　　　　　　〕

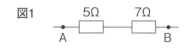

図1　　5Ω　　7Ω
A　　　　　　　　B

(3) 右の図2のAB間の抵抗は何Ωか。

〔　　　　　　　〕

図2　15Ω　10Ω　20Ω
A　　　　　　　　　B

抵抗器ア

(4) 図2で，抵抗器アが5Ωのとき，回路全体の抵抗は何Ωか。　〔　　　　　　　〕

④ 並列回路の抵抗について，次の文の〔　　〕にあてはまることばを書きなさい。

《 チェック P.82 ④

(1) 並列回路全体について，オームの法則は〔　　　　　　　　〕。

(2) 並列回路の電流は，各部分の電流の〔　　　　〕になる。

(3) 並列回路の〔　　　　　〕は，どの部分も電源の電圧に等しい。

(4) 並列回路全体の抵抗は，各部分の抵抗より〔　　　　〕い値になる。

⑤ 右の図を見て，次の問いに答えなさい。

《 チェック P.82 ④

(1) AB間に加わる電圧は何Vか。　〔　　　　〕

(2) 抵抗器アを流れる電流は何Aか。〔　　　　〕

(3) 抵抗器イを流れる電流は何Aか。〔　　　　〕

(4) 回路全体を流れる電流は何Aか。〔　　　　〕

(5) 回路全体の抵抗は何Ωか。　　〔　　　　〕

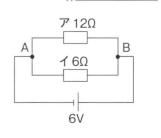

ア 12Ω
A　　　　　　B
イ 6Ω

6V

7章 ▶ 電流・電圧と抵抗

1 右の図の回路について，抵抗をR〔Ω〕，流れる電流をI〔A〕，抵抗Rの両端に加わる電圧をV〔V〕とするとき，オームの法則$V=RI$をもとにして，次の問いに答えなさい。 《 チェック P.80❷ （各4点×12 **48**点）

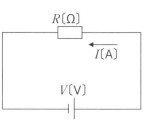

(1) 電流I〔A〕，抵抗R〔Ω〕の値が次の①〜④のとき，電圧V〔V〕の値を求めなさい。

① $I=1$ A，$R=3$ Ω 〔　　　　　〕

② $I=3$ A，$R=2$ Ω 〔　　　　　〕

③ $I=0.5$ A，$R=4$ Ω 〔　　　　　〕

④ $I=3.5$ A，$R=20$ Ω 〔　　　　　〕

(2) 電圧V〔V〕，抵抗R〔Ω〕の値が次の①〜④のとき，電流I〔A〕の値を求めなさい。

① $V=6$ V，$R=3$ Ω

〔解〕 $V=RI$より，$I=\dfrac{V}{R}$　よって，$I=$ 〔　　　　　〕

② $V=6$ V，$R=12$ Ω

〔　　　　　〕

③ $V=3$ V，$R=15$ Ω

〔　　　　　〕

④ $V=4.8$ V，$R=20$ Ω

〔　　　　　〕

(3) 電圧V〔V〕，電流I〔A〕の値が次の①〜④のとき，抵抗R〔Ω〕の値を求めなさい。

① $V=3$ V，$I=0.5$ A

〔解〕 $V=RI$より，$R=\dfrac{V}{I}$　よって，$R=$ 〔　　　　　〕

② $V=12$ V，$I=0.5$ A

〔　　　　　〕

③ $V=5$ V，$I=0.2$ A

〔　　　　　〕

④ $V=2.2$ V，$I=0.4$ A

〔　　　　　〕

2 オームの法則は，回路の各部分でも回路全体でも成り立つ。このことをもとにして，「直列回路全体の抵抗は各部分の抵抗の和に等しい」ことを確かめた。次の〔 〕にあてはまる数やことばを書きなさい。《 チェック P.82❸ (各2点×8 **16**点)

右の図の直列回路で，回路を流れる電流と各区間の電圧が，図に示した値とするとき，各抵抗は，オームの法則$R=\dfrac{V}{I}$より，

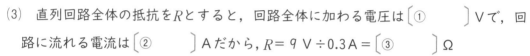

(1) R_1の抵抗は，3 V÷0.3A＝〔　　　〕Ω

(2) R_2の抵抗は，6 V÷0.3A＝〔　　　〕Ω

(3) 直列回路全体の抵抗をRとすると，回路全体に加わる電圧は〔①　　　〕Vで，回路に流れる電流は〔②　　　〕Aだから，$R=$9 V÷0.3A＝〔③　　　〕Ω

(4) したがって，直列回路全体の抵抗Rは，R_1の抵抗〔①　　　〕ΩとR_2の抵抗〔②　　　〕Ωの〔③　　　〕に等しい。
└ことばを書く。

3 右の図の並列回路で，回路を流れる電流と各区間の電圧が，図に示した値とするとき，並列回路の抵抗について，次の〔 〕にあてはまる数やことば，記号を書きなさい。《 チェック P.82❹ (各3点×12 **36**点)

(1) R_1の抵抗は，オームの法則$R=\dfrac{V}{I}$より，
6 V÷0.2A＝〔　　　〕Ω

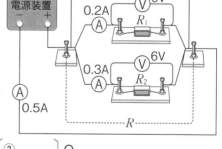

(2) 同様に，R_2の抵抗は，
〔①　　　〕V÷〔②　　　〕A＝〔③　　　〕Ω

(3) 並列回路全体の抵抗をRとすると，回路に加わる電圧は〔①　　　〕Vで，回路全体に流れる電流は〔②　　　〕Aだから，$R=$6 V÷0.5A＝〔③　　　〕Ω

(4) したがって，並列回路全体の抵抗Rは，R_1の抵抗〔①　　　〕Ω，R_2の抵抗〔②　　　〕Ωのどちらよりも〔③　　　〕なる。
└ことばを書く。

(5) 並列回路全体の抵抗は，次の式でも求められる。
$$\dfrac{1}{R}=\dfrac{1}{〔①　　　〕}+\dfrac{1}{〔②　　　〕}$$

練習ドリル🌱 **7章▶電流・電圧と抵抗**

1 次の文の〔 〕にあてはまることばを書きなさい。 (各4点×6 **24**点)

(1) 抵抗 R〔Ω〕の金属線に，電圧 V〔V〕を加えて，I〔A〕の電流が流れるとき，オームの法則より，$I=\dfrac{V}{R}$ と表すことができる。オームの法則から，金属線に流れる電流の大きさは，その両端に加わる電圧に〔① 〕し，抵抗の大きさに〔② 〕することがわかる。

(2) 抵抗が〔① 〕，電流を通しやすい物質を〔② 〕，抵抗が非常に〔③ 〕，電流をほとんど通さない物質を〔④ 〕という。

2 3つの抵抗器P，Q，Rのそれぞれについて，下の図のような回路をつくり，電流を流した。次の問いに答えなさい。 (各5点×4 **20**点)

(1) 10Ωの抵抗器Pに電流を流すと，電流計Ⓐは350mAを示した。350mAは何Aか。

〔 〕

(2) (1)のとき，電圧計Ⓥは何Vを示すか。

〔 〕

(3) 50Ωの抵抗器Qに電流を流すと，電圧計Ⓥは6.0Vを示した。このとき，電流計Ⓐは何mAを示すか。

〔 〕

(4) 抵抗器Rに電流を流すと，電圧計Ⓥは2.0Vを示し，電流計Ⓐは250mAを示した。抵抗器Rの抵抗は何Ωか。 〔 〕

得点UPコーチ

1(2)鉄や銅のような物質を導体，ガラスやゴムのような物質を不導体という。

2オームの法則の式の，電流 I の単位はA（アンペア）である。mAをAに直して計算する。

3 図1〜図5の回路で，各電圧や電流，抵抗の大きさが，それぞれ図に示した値であるとき，次の問いに答えなさい。

（各4点×14 **56**点）

(1) 図1の回路について，次の①〜③の値を求めなさい。

① 回路全体の抵抗は何Ωか。 〔 　　　　 〕

② 回路を流れる電流は何Aか。 〔 　　　　 〕

③ AB間の電圧は何Vか。 〔 　　　　 〕

図1
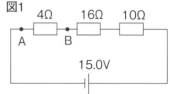

(2) 図2の回路について，次の①，②の値を求めなさい。

① 回路全体の抵抗は何Ωか。

〔 　　　　 〕

② 抵抗器アは何Ωか。 〔 　　　　 〕

図2

(3) 図3の回路について，次の①〜③の値を求めなさい。

① 抵抗器イは何Ωか。 〔 　　　　 〕

② 回路全体の抵抗は何Ωか。 〔 　　　　 〕

③ 抵抗器ウは何Ωか。 〔 　　　　 〕

図3
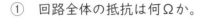

(4) 図4の回路について，次の①，②の値を求めなさい。

① 抵抗器エは何Ωか。

〔 　　　　 〕

② 回路全体の抵抗は何Ωか。

〔 　　　　 〕

図4
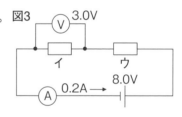

(5) 図5の回路について，次の①〜④の値を求めなさい。

① 抵抗器オを流れる電流は何Aか。〔 　　　　 〕

② 抵抗器カを流れる電流は何Aか。〔 　　　　 〕

③ 抵抗器カは何Ωか。 〔 　　　　 〕

④ 回路全体の抵抗は何Ωか。 〔 　　　　 〕

図5
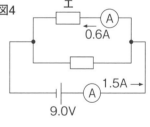

3 (1)②オームの法則 $I = \dfrac{V}{R}$ を使って求める。　③ AB間には，②で求めた電流が流れている。

(5)① 5Ωの抵抗器に，6.0Vの電圧が加わっている。　②1.5Aから①で求めた抵抗器オを流れる電流を引いて求める。

発展ドリル 🌱

7章 ▶ 電流・電圧と抵抗

1 右の図のような回路をつくり，電熱線に加わる電圧を変えて，流れる電流の大きさを調べたところ，下の表のような結果が得られた。次の問いに答えなさい。

（各4点×6　**24**点）

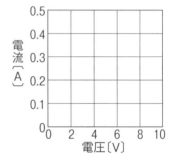

電圧〔V〕	0	2.0	4.0	6.0	8.0	10.0
電流〔A〕	0	0.10	0.20	0.31	0.39	0.50

(1) この電熱線に加わる電圧と流れる電流の関係を，右の図にグラフで表しなさい。

(2) 電熱線に加わる電圧と電流の間には，どのような関係があるか。　〔　　　　　　　の関係〕

(3) この電熱線に加わる電圧が次の①，②のとき，流れる電流は何Aか。　　①　3.0Vのとき〔　　　　　〕

②　9.0Vのとき〔　　　　　〕

(4) $\dfrac{電圧〔V〕}{電流〔A〕}$ の値は，電熱線の何を表すか。　　〔　　　　　　　　〕

(5) この電熱線の(4)の大きさを単位をつけて答えなさい。　　〔　　　　　　　　〕

2 右のグラフは，2つの抵抗器P，Qに電圧を加えたときの，電圧と電流の関係を表したものである。次の問いに答えなさい。　（各6点×4　**24**点）

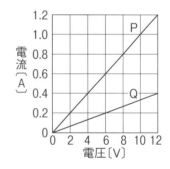

(1) 抵抗器P，Qの抵抗はそれぞれ何Ωか。

P〔　　　　　〕

Q〔　　　　　〕

(2) 抵抗器P，Qのそれぞれに0.9Aの電流が流れているとき，加わっている電圧はそれぞれ何Vか。　　P〔　　　　　〕　Q〔　　　　　〕

---

1 (3)① 2.0V：3.0V＝0.1A：x

② 電圧が①の3倍→電流も3倍。

2 (1)グラフより，Pは電圧6Vのときに

電流は0.6A，Qは電圧が6Vのときに電流は0.2Aである。

(2)(1)で求めた抵抗の値を使って求める。

3 図1〜図4の回路で，各電圧や電流，抵抗の大きさが，それぞれ図に示した値であるとき，次の問いに答えなさい。 (各4点×13 **52**点)

(1) 図1の回路について，次の①，②の値を求めなさい。

図1

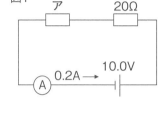

① 回路全体の抵抗は何Ωか。

〔　　　　　〕

② 抵抗器アは何Ωか。

〔　　　　　〕

(2) 図2の回路について，次の①〜④の値を求めなさい。

図2

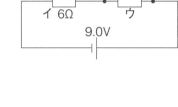

① 抵抗器イに加わる電圧は何Vか。

〔　　　　　〕

② 回路を流れる電流は何Aか。　〔　　　　　〕

③ 回路全体の抵抗は何Ωか。　〔　　　　　〕

④ 抵抗器ウは何Ωか。　〔　　　　　〕

(3) 図3の回路について，次の①〜③の値を求めなさい。

図3

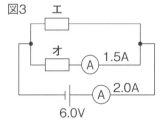

① 抵抗器エは何Ωか。　〔　　　　　〕

② 抵抗器オは何Ωか。　〔　　　　　〕

③ 回路全体の抵抗は何Ωか。

〔　　　　　〕

(4) 図4の回路について，次の①〜④の値を求めなさい。

図4

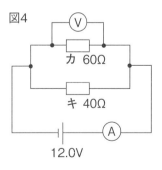

① 電圧計Ⓥは，何Vを示すか。　〔　　　　　〕

② 抵抗器カを流れる電流は何Aか。

〔　　　　　〕

③ 電流計Ⓐは，何Aを示すか。　〔　　　　　〕

④ 回路全体の抵抗は何Ωか。　〔　　　　　〕

3(1)①回路全体について，オームの法則 $R = \dfrac{V}{I}$ をあてはめる。
(2)②抵抗器イに流れる電流を求める。

(4)①並列回路の各抵抗には，電源と同じ大きさの電圧が加わる。　④③で求めた回路全体の電流の大きさを使って求める。

電流と電圧①

1 プラスチックのストローA，Bを，それぞれ別のナイ
ロン布でこすり合わせ，右の図のように，ストローA
を針で消しゴムにさし，ストローBを左から近づけた
ところ，ストローAはBから遠ざかるように，矢印の
方向に動いた。次の問いに答えなさい。

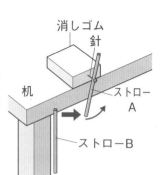

（各7点×3 **21**点）

(1) ストローとナイロン布などをこすり合わせることによっ
て生じた電気のことを何というか。〔　　　　　　〕

(2) ストローAとストローBがしりぞけ合ったことから，A，Bが帯びた電気の種類
は同じか，ちがうか。〔　　　　　　〕

(3) ストローBのかわりに，こすり合わせたナイロン布を同じように近づけると，ス
トローAとナイロン布はしりぞけ合うか，それとも引き合うか。〔　　　　　　〕

2 右の図のように，10Ωの抵抗器と30Ωの抵抗器
を直列につないだ回路をつくった。次の問いに
答えなさい。　　　　　　（各6点×5 **30**点）

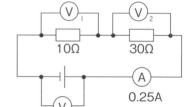

(1) 電流計Ⓐは0.25Aを示した。このとき，電圧計Ⓥ₁，
Ⓥ₂は，それぞれ何Vを示すか。

Ⓥ₁〔　　　　　　〕　Ⓥ₂〔　　　　　　〕

(2) (1)のとき，電圧計Ⓥ₃は何Vを示すか。〔　　　　　　〕

(3) この回路全体の抵抗は何Ωか。〔　　　　　　〕

(4) 同じ回路で，電源の電圧を変えたところ，電圧計Ⓥ₃は12.0Vを示した。このとき，
電圧計Ⓥ₁は何Vを示すか。

〔　　　　　　〕

---

1 (1)こすり合わせて生じた電気を静電気
といい，同じ種類の電気ではしりぞけ
合い，異なる種類の電気では引き合う。

2 (4)電流を I とすると，
12.0 V ＝ (10 ＋ 30) Ω× I, 10 Ωの抵抗
器に加わる電圧は10 Ω× I である。

❸ 右の図のように，真空放電管に大きな電圧を加えると，蛍光板に直線状に明るい線が見えた。これについて，次の問いに答えなさい。 （各7点×3 **㉑**点）

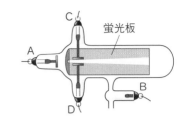

(1) この直線状の明るい線を何というか。

〔　　　　　　　〕

(2) 図のとき，A，Bは＋極，－極のどちらか。次のア～エから選び，記号で答えなさい。

〔　　　　　　　〕

ア　Aは＋極，Bは－極　　イ　Aは－極，Bは＋極

ウ　AもBも＋極　　　　エ　AもBも－極

(3) Cを＋極，Dを－極につないで電圧を加えると，明るい線はどうなるか。次のア～エから選び，記号で答えなさい。

〔　　　　　　　〕

ア　消える。　　　　　イ　Cの方に曲がる。

ウ　Dの方に曲がる。　エ　変わらない。

❹ 右の図の回路の抵抗器アは4Ω，電源の電圧は6.0Vで，電流計Ⓐ₁は0.1Aを示し，電流計Ⓐ₂は0.5Aを示している。これについて，次の問いに答えなさい。 （各7点×4 **㉘**点）

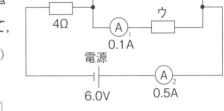

(1) この回路全体の抵抗は何Ωか。

〔　　　　　　　〕

(2) 抵抗器アに加わっている電圧は何Vか。

〔　　　　　　　〕

(3) 抵抗器イに加わっている電圧は何Vか。

〔　　　　　　　〕

(4) 抵抗器イは何Ωか。

〔　　　　　　　〕

---

❸(1)明るい線は電子の流れである。　(2)電子は－の電気をもっていることより，何極から何極に流れるかを考える。

❹(1)オームの法則を回路全体にあてはめる。全体の電圧＝全体の抵抗×全体の電流　(4)イを流れる電流は(0.5－0.1) A

1 右の図のように，豆電球2個と乾電池1個を用いて回路をつくった。次の問いに答えなさい。

(各5点×4 **20**点)

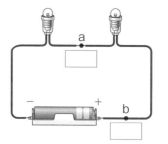

(1) 図のように電流の通り道が枝分かれしないで1つの輪になった回路を何というか。 〔　　　　　　　〕

(2) 図のa点とb点では，電流はどのような向きに流れているか。それぞれ図中の□□に矢印でかきなさい。(a，b完答)

(3) 図の豆電球を1つはずすと，もう一方の豆電球はつくか，つかないか。 〔　　　　　　　〕

(4) 図の回路を電気用図記号を用いて□□に表しなさい。

　—┤├— 乾電池　　⊗ 電球

2 3つの抵抗器ア～ウを直列につないで，下の図のような回路をつくったところ，抵抗器ア，ウの両端に，それぞれ1.4V，0.6Vの電圧が加わった。このときの電源の電圧は3.0V，抵抗器イは5Ωである。次の問いに答えなさい。 (各4点×5 **20**点)

(1) 抵抗器イの両端に加わっている電圧は何Vか。 〔　　　　　　　〕

(2) a点を流れる電流は何Aか。 〔　　　　　　　〕

(3) 抵抗器アは何Ωか。 〔　　　　　　　〕

(4) この回路全体の抵抗は何Ωか。 〔　　　　　　　〕

(5) この回路の電源の電圧を変えると，a点を流れる電流は0.3Aになった。このときの電源の電圧は何Vか。

〔　　　　　　　〕

1(1)電流の道筋が1つの回路を直列回路という。 (2)電流の向きは，電源の＋極から出て－極へ入る向きである。

2(1)直列回路の全体の電圧は，各抵抗に加わる電圧の和である。
(2)流れる電流はどこも等しい。

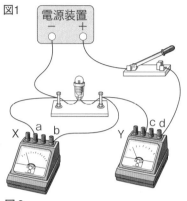

3 図1のような回路をつくって，豆電球に流れる電流の大きさと，豆電球に加わる電圧を測定した。次の問いに答えなさい。　（各5点×6　**30**点）

(1) 図1のX，Yの計器は何か。それぞれの名称を書きなさい。

X〔　　　　　　　〕　Y〔　　　　　　　〕

(2) 計器のb，cは，それぞれ＋端子，－端子のどちらか。　b〔　　　　　　〕　c〔　　　　　　〕

(3) 図1の回路のスイッチを入れると，計器の針が図2，図3のようにふれた。図2の計器では500mAの－端子を，図3の計器では3Vの－端子を使ったとき，電流は何mAか。また，電圧は何Vか。

電流〔　　　　　　　〕

電圧〔　　　　　　　〕

4 2つの抵抗器ア，イを並列につないで，右の図のような回路をつくったところ，電流計Ⓐ₁は0.45A，電流計Ⓐ₂は0.75A，電圧計Ⓥは4.5Vを示した。次の問いに答えなさい。　（各5点×6　**30**点）

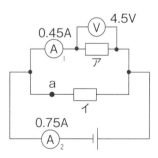

(1) a点を流れる電流は何Aか。　〔　　　　　　〕

(2) 抵抗器イに加わる電圧は何Vか。〔　　　　　　〕

(3) 抵抗器ア，イはそれぞれ何Ωか。　ア〔　　　　〕イ〔　　　　〕

(4) 電源の電圧は何Vか。　〔　　　　　　〕

(5) この回路全体の抵抗は何Ωか。　〔　　　　　　〕

3 (1)電流計は回路に直列に，電圧計は並列につなぐ。　(3)電流計は500mA，電圧計は3Vまで読みとることができる。

4 並列回路では，全体の電流は各抵抗に流れる電流の和，各抵抗に加わる電圧は電源の電圧に等しい。

93

定期テスト 対策 問題(4) ✏

1 右の図のように，頭を下じきでこすり，下じきを持ち上げると，髪の毛_(かみ け)が下じきに引きつけられた。次の問いに答えなさい。 (各5点×2 **10**点)

下じきでこする。　下じきを持ち上げる。

(1) こすり合わせたことで生じた電気のことを何というか。

〔　　　　　　　〕

(2) 下じきと髪の毛が帯びた電気の種類は，同じか，ちがうか。

〔　　　　　　　〕

2 図1のような器具を使って，電熱線の両端_(りょうたん)に加わる電圧と，電熱線に流れる電流の関係を調べる実験をした。図3は，その結果を表したものである。次の問いに答えなさい。

(各5点×5 **25**点)

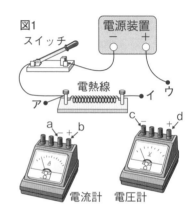

図1

電流計　電圧計

(1) この実験で，電流計の端子_(たん し)a，b，および電圧計の端子c，dは，それぞれ回路のア，イ，ウのどこにつないだらよいか。 (各完答)

電流計〔 a　　　，b　　　〕
電圧計〔 c　　　，d　　　〕

(2) 電流計と電圧計を正しくつなぎ，電流計の500mAの－端子_(マイナス)を用いて測定すると，針が図2のようにふれた。このとき，電熱線を流れる電流は何Aか。

〔　　　　　　　〕

(3) 図3から，電流と電圧の間には，どのような関係があるといえるか。簡単に答えなさい。

〔　　　　　　　〕

(4) この電熱線の抵抗_(ていこう)はいくらか。単位をつけて答えなさい。 〔　　　　　　　〕

図2

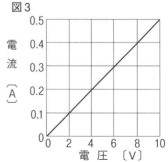

図3

❸ 10Ω，15Ω，20Ω，30Ωの抵抗器と電源を
使って，図1，図2のような回路をつくった。
次の問いに答えなさい。　（各6点×5　**30**点）

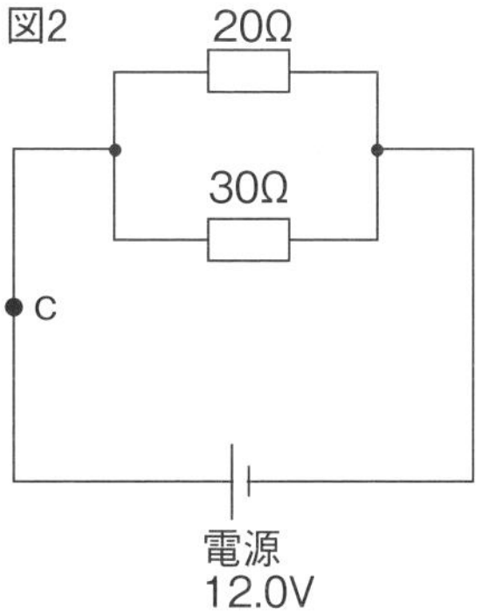

(1) 図1のa点には0.2Aの電流が流れた。b点を
流れる電流は何Aか。　〔　　　　　〕

(2) 図1の電源の電圧は何Vか。　〔　　　　　〕

(3) 図2の電源の電圧は12.0Vであった。20Ωの抵抗器
の両端に加わる電圧は何Vか。

〔　　　　　〕

(4) 図2のc点を流れる電流は何Aか。〔　　　　　〕

(5) 図2の回路全体の抵抗は何Ωか。〔　　　　　〕

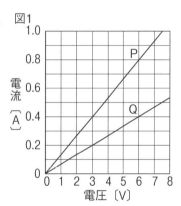

図1

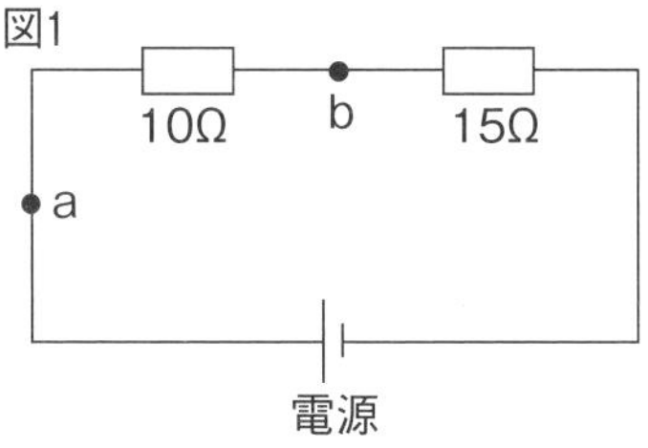

10Ω　b　15Ω

a

電源

図2　20Ω

30Ω

c

電源
12.0V

❹ 2つの抵抗器P，Qそれぞれに電圧を加えたときの，
電圧と電流の関係を調べると，図1のグラフのよう
になった。次の問いに答えなさい。

（各7点×5　**35**点）

(1) 抵抗器P，Qのうち，電流が流れにくいのはどちら
か。　〔　　　　　〕

(2) 抵抗器P，Qを使って，図2の回路をつくった。電
流計Ⓐ₁が0.4Aを示しているとき，電圧計Ⓥ₁は何Vを
示すか。　〔　　　　　〕

(3) 図2の電源の電圧は何Vか。　〔　　　　　〕

(4) 抵抗器P，Qを使って，図3の回路をつくった。電
圧計Ⓥ₂が3Vを示しているとき，電流計Ⓐ₂は何Aを
示すか。　〔　　　　　〕

(5) 図3で，電源の電圧の大きさを変化させたときの，
電源の電圧と電流計Ⓐ₂が示す電流の大きさの関係を，
図1にグラフで表しなさい。

図1

電流〔A〕

P

Q

電圧〔V〕

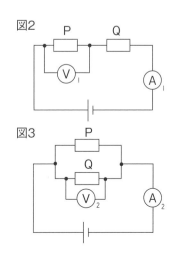

図2　P　Q

Ⓥ₁　Ⓐ₁

図3　P

Q

Ⓥ₂　Ⓐ₂

定期テスト 対策 問題(5)

1 右の図のように，蛍光板を入れた真空放電管に
大きな電圧を加えると，蛍光板に明るい線が見ら
れた。次の問いに答えなさい。(各6点×5 **30**点)

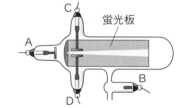
蛍光板

(1) 蛍光板に見えた明るい線を何というか。

〔　　　　　　　　　　〕

(2) (1)は，小さな粒子の流れである。この粒子を何というか。

〔　　　　　　　　　　〕

(3) ＋極は，A，Bのどちらか。　　　　　　　　　〔　　　　　　　　　　〕

(4) Cの電極を＋極，Dの電極を－極にして電圧を加えると，明るい線は，C，Dの
どちら側へ曲がるか。　　　　　　　　　　　　〔　　　　　　　　　　〕

(5) (4)のことから，明るい線は電気をもっていることがわかる。もっている電気は，
＋の電気，－の電気のどちらか。

〔　　　　　　　　　　〕

2 図1，図2は，金属線の中のようすを表したものである。次の問いに答えなさい。

(各5点×5 **25**点)

(1) 図1のXは，何を表しているか。

〔　　　　　　　　　　〕

(2) Xがもっている電気は，＋，－のどちらか。

〔　　　　　　　　　　〕

(3) 金属線に電圧を加えたときのようすを表しているの
は，図1，図2のどちらか。

〔　　　　　　　　　　〕

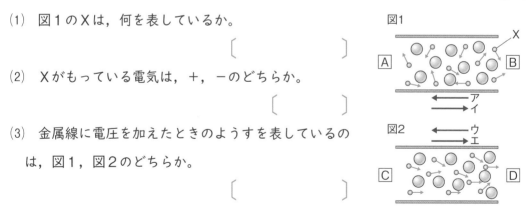

(4) (3)のとき，電源の＋極側は，A～Dのうち，どちら側と考えられるか。

〔　　　　　　　　　　〕

(5) (4)のとき，電流の流れる向きを表しているのは，ア～エのうち，どの矢印か。記
号で答えなさい。

〔　　　　　　　　　　〕

3 図1で，a点を流れる電流は1.0A，図2で，c
点を流れる電流は4.0Aであった。次の問いに答え
なさい。　　　　　　　　　　（各5点×6　**30**点）

(1)　図1で，b点を流れる電流は何Aか。

〔　　　　　　　〕

(2)　図1で，抵抗器アに加わる電圧は何Vか。

〔　　　　　　　〕

(3)　図1で，電源の電圧は何Vか。〔　　　　　　　〕

(4)　図2で，d点を流れる電流は何Aか。

〔　　　　　　　〕

(5)　図2で，抵抗器イは何Ωか。　　　　　　〔　　　　　　　　〕

(6)　図2の回路全体の抵抗の値は，各抵抗のそれぞれの値よりも大きいか，小さいか。

〔　　　　　　　　〕

図1

図2

4 図1は，10Ωと20Ωの抵抗器に加わる電圧と流れる
電流の関係をグラフに表したものである。図2は，
10Ωと20Ωの抵抗器を並列に，図3は，10Ωと20
Ωの抵抗器を直列にして電源につないだ回路を示し
たものである。次の問いに答えなさい。

（各5点×3　**15**点）

(1)　図2で，電源の電圧の大きさをいろいろ変えたとき，
電源の電圧とC点を流れる電流の大きさの関係を，図1
にグラフで表しなさい。

(2)　図3で，電源の電圧が12.0Vのとき，20Ωの抵抗器に
加わる電圧は何Vか。　　　〔　　　　　　　〕

(3)　図2と図3の電源の電圧を同じ大きさにしたとき，A
〜Dの各点を流れる電流の大きい順に，記号を書きなさい。

〔　　→　　　→　　　→　　　〕

図1

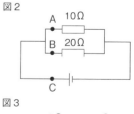

図2

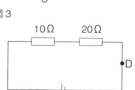

図3

復習 小学校で学習した「電流のはたらき」「電磁石」

① 電流のはたらき

① **電流による発熱**　電流には電熱線を発熱させるはたらきがある。

② **電気の利用**　電気は，光や熱，音，運動などにかえて使うことができる。

電気スタンド

トースター

電子オルゴール

洗たく機

② 電磁石

① **電磁石**　コイル（導線を同じ向きに巻いたもの）に鉄しんを入れ，電流を流すと，鉄しんが磁石になる。これを電磁石という。

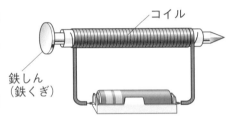

コイル

鉄しん
（鉄くぎ）

② **電磁石の性質**　電流を流したときに磁石と同じはたらきをする。

③ **電流の大きさと電磁石の強さ**　電流を大きくすると，電磁石は強くなる。

④ **導線の巻数と電磁石の強さ**　コイルの導線の巻数を多くすると，電磁石は強くなる。

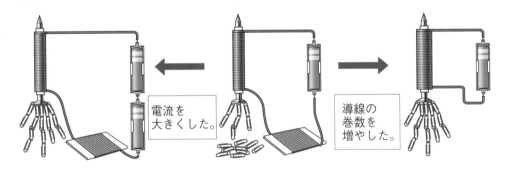

電流を
大きくした。

導線の
巻数を
増やした。

⑤ **極**　コイルに電流を流すと，電磁石にN極とS極ができる。

⑥ **電磁石の極の性質**　同じ極どうし（N極―N極，S極―S極）はしりぞけ合い，ちがう極どうし（N極―S極，S極―N極）は引き合う。

⑦ **極を入れかえる**　コイルに流れる電流の向きを変えると，電磁石のN極とS極が入れかわる。

1 右の図のように，電熱線に電流を流し，発泡ポリスチレンの

棒を切った。この
実験装置は，電流
のもつどのような
はたらきを利用し
たものか。次のア
〜エから選び，記号で答えなさい。

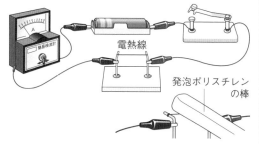

電熱線

発泡ポリスチレンの棒

〔　　　〕

思い出そう

◀電熱線に電流を流すと熱くなるので，手でさわってはいけない。

ア　光らせるはたらき。　　　イ　ものを動かすはたらき。

ウ　発熱させるはたらき。　　エ　磁石の力を出すはたらき。

2 右の図の電気
器具は，それぞ
れ，電気を何に
かえて利用する
ものか。熱，音，光，運動からそれぞれ選んで答えなさい。

①　　　②　　　③

電気スタンド　　電子オルゴール　　トースター

①〔　　　〕　②〔　　　〕　③〔　　　〕

◀それぞれの電気器具の使用目的を考える。

3 右の図の電磁石を強くするにはどうすればよいか。次のア〜

オから2つ選び，記号で答えなさい。　　〔　　〕〔　　〕

ア　乾電池の向きを反対にする。

イ　乾電池を増やして直列につな
　　ぐ。

ウ　コイルの中の鉄くぎを木の棒
　　に変える。

エ　導線の巻数を増やす。

オ　導線の巻数を減らす。

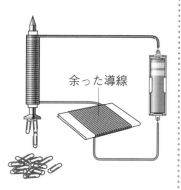

余った導線

◀電磁石の強さは，電流の大きさと導線の巻数が関係している。

学習の要点

8章 **電気エネルギー –1**

❶ 電力

① **電力** 電気器具が，熱や光，音などを出したり，ものを動か
└→消費電力ともいう。
したりする能力（電気エネルギー）を表す量。

● **電力の単位**…ワット〔W〕が使われる。

1000W＝1kW〔キロワット〕

● **1W**…1Vの電圧で1Aの電流を流したときの電力。

1W＝1V×1A

● **電力の求め方**…電圧の大きさをV〔V〕，電流の大きさをI〔A〕，
電力をP〔W〕とすると，次の式で求められる。

> 電力P〔W〕＝電圧V〔V〕×電流I〔A〕

● **電力と電流**…同じ電圧を加えたとき，電気器具の消費電力が
大きいものほど，流れる電流は大きい。

❷ 電力量

① **電力量** ある時間に消費した電気エネルギーの総量。

● **電力量の単位**…ジュール〔J〕，ワット時〔Wh〕，キロワット
時〔kWh〕が使われる。

　● **1J**…1Wの電力を1秒間消費したときの電力量。

　● **1Wh**…1Wの電力を1時間消費したときの電力量。

　1Wh＝3600J，1000Wh＝1kWh

● **電力量の求め方**…電力をP〔W〕，時間をt〔s〕，電力量をW〔J〕
とすると，次の式で求められる。

> 電力量W〔J〕＝電力P〔W〕×時間t〔s〕

● **電力量と電力・時間**…電力が大きくなるほど，電流が流れる
時間が長いほど，電力量は大きくなる。

✦ **覚えると得** ✦

電力と電球の明るさ
40Wの電球と60Wの
電球を並列につなぎ
同じ電圧を加えたと
き，60Wの電球のほ
うにより大きな電流
が流れるため明るい。
電圧が同じときは，
消費電力が大きいほ
うが明るい。

消費電力の表示
「100V－1000W」の
表示は，100Vの電
源につなぐと1000W
の電力を消費すると
いう意味である。
この電気器具を5分
間（60×5＝300秒）
使ったときに消費す
る電力量〔J〕は，
1000W×300s
＝300000J

電力量の単位
電力量の単位は熱量
と同じJであるが，
実 用 的 に は，Whや
kWhが使われる。
例 電気料金

① 電力について，次の問いに答えなさい。 《《チェック P.100 ①

(1) 電気器具が，熱や光，音などを出したり，ものを動かしたりする能力を表す量のことを何というか。 〔　　　　　　〕

(2) 電力の単位は何か。記号で書きなさい。 〔　　　　　　〕

(3) 1Vの電圧で1Aの電流が流れるときの電力は何Wか。

〔　　　　　　〕

(4) 電圧の大きさをV〔V〕，電流の大きさをI〔A〕，電力をP〔W〕とするとき，電力を求める式を書きなさい。 〔　　　　　　〕

(5) 同じ電圧を加えたとき，消費電力が大きいものほど，流れる電流の大きさはどうなるか。 〔　　　　　　〕

(6) 「100V－1000W」の表示のある電気器具は，100Vの電源につなぐと，何Wの電力を消費するか。 〔　　　　　　〕

② 電力量について，次の問いに答えなさい。 《《チェック P.100 ②

(1) ある時間に消費した電気エネルギーの総量を何というか。 〔　　　　　　〕

(2) 1Wの電力を1秒間消費したときの電力量はいくらか。単位をつけて，答えなさい。 〔　　　　　　〕

(3) 1Wの電力を1時間消費したときの電力量は何Whか。 〔　　　　　　〕

(4) 1Whは何Jか。 〔　　　　　　〕

(5) 1000Whは何kWhか。 〔　　　　　　〕

(6) 電力をP〔W〕，時間をt〔s〕，電力量をW〔J〕とするとき，電力量を求める式を書きなさい。 〔　　　　　　〕

(7) 電力が大きくなるほど，電流が流れる時間が長いほど，電力量はどうなるか。 〔　　　　　　〕

(8) 「100V－1000W」の電気器具を100Vの電源につないで5分間使ったときに消費する電力量は何Jか。 〔　　　　　　〕

学習の要点

8章 電気エネルギー–2

❸ 電流による発熱

① **熱と水の温度変化** 水の中に入れた電熱線に電流を流すと発熱して，水の温度が上昇する。水の上昇温度は，電熱線の発熱量に比例する。

発生した熱の量→

- **発熱量と時間の関係**…電力が一定のとき，発熱量は電流を流した時間に比例する。

- **発熱量と電力の関係**…電流を流す時間が一定のとき，発熱量は電力に比例する。

② **電流による発熱量** 電流を流すときに発生する熱の量を熱量といい，電熱線が消費する電力および電流を流した時間に比例する。

- **熱量の単位**…ジュール〔J〕

- **1 J**…電熱線に1Wの電力で1秒間電流を流したときに発生する熱量。消費した電力量に等しい。

- **熱量の求め方**…電力をP〔W〕，時間をt〔s〕，熱量をQ〔J〕とすると，次の式で求められる。

> 熱量Q〔J〕＝電力P〔W〕×時間t〔s〕

❹ 直流と交流

① **直流** ＋極と−極が決まっていて，一定の向きに流れる電流。
└→直流電流ともいう。

② **交流** 流れる向きが周期的に変化している電流。
└→交流電流ともいう。

- **周波数**…交流で，1秒間にくり返す電流の変化の回数。単位はヘルツ〔Hz〕が使われる。

- **発光ダイオードによる直流と交流の区別**…直流では光り続け，
└→一方の向きにだけ電流が流れる。
交流では点滅して見える（右図）。

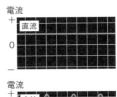
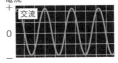

左の「学習の要点」を見て答えましょう。

③ 電流による発熱について，次の文の〔　　〕にあてはまることばや数を書きなさい。

チェック P.102 ③

(1)　水の中に入れた電熱線に電流を流すと〔①　　　　　〕して，水の温度が〔②　　　　　〕する。水の上昇温度は，電熱線の〔③　　　　　〕に比例する。

(2)　電力が一定のとき，発熱量は〔　　　　　　　　〕に比例する。

(3)　電流を流す時間が一定のとき，発熱量は〔　　　　　　〕に比例する。

(4)　電流による発熱量は，電熱線が消費する〔①　　　　　〕および電流を流した〔②　　　　　〕に比例する。

(5)　熱量の単位は〔①　　　　〕で〔②　　　　　　〕と読む。

(6)　1Jは，電熱線に〔①　　　　〕Wの電力で〔②　　　　〕秒間電流を流したときに発生する熱量である。

(7)　電力をP〔W〕，時間をt〔s〕，熱量をQ〔J〕とすると，熱量を求める式は，

〔①　　　　〕＝〔②　　　　〕$\times t$

(8)　水1gの温度を1℃上昇させるために必要な熱量を〔　　　　　〕calという。

(9)　1calは約〔　　　　　〕Jである。

④ 直流と交流について，次の文の〔　　〕にあてはまることばを書きなさい。

チェック P.102 ④

(1)　＋極，－極が決まっていて，一定の向きに流れる電流を〔　　　　　〕という。

(2)　流れる向きが周期的に変化している電流を〔　　　　　〕という。

(3)　乾電池による電流が〔①　　　　　〕で，家庭用のコンセントに流れる電流が〔②　　　　　〕である。

(4)　交流で，1秒間にくり返す電流の変化の回数を〔①　　　　　〕といい，単位は〔②　　　　〕で〔③　　　　　〕と読む。

(5)　周波数は西日本では〔①　　　　　〕，東日本では〔②　　　　　〕である。

(6)　発光ダイオードを使うと，〔①　　　　　〕では光り続け，〔②　　　　　〕では点滅して見える。

基本
ドリル 🌱

8章 電気エネルギー

1 電流I〔A〕×電圧V〔V〕の値を電力といい，１Vの電圧で１Aの電流を流したときの電力を１W（ワット）という。次の問いに答えなさい。　　（各4点×9　**36点**）

(1)　電流I〔A〕，電圧V〔V〕の値が次の①～③のとき，電力を求めなさい。

≪ チェック　P.100 ❶

①　$I = 2$ A，$V = 4$ V　　　　　　　　　　　　〔　　　　　　〕

②　$I = 3.5$ A，$V = 100$ V　　　　　　　　　　〔　　　　　　〕

③　$I = 12$ A，$V = 100$ V　　kWの単位で答えよ。〔　　　　　　〕

(2)　電力P〔W〕×時間t〔s〕の値を電力量といい，１Wの電力を１秒間消費したときの電力量を１Jという。次の①～③のとき，電力量を求めなさい。≪ チェック　P.100 ❷

①　$P = 30$W，$t = 30$秒　　　　　　　　　　　〔　　　　　　〕

②　$P = 600$W，$t = 1$分　　　　　　　　　　　〔　　　　　　〕

③　$I = 3$ A，$V = 100$ V，$t = 45$秒　　　　　〔　　　　　　〕

(3)　１Wの電力を１時間消費したときの電力量を１Whと表す。次の①～③のとき，電力量を求めなさい。≪ チェック　P.100 ❷

①　$P = 20$W，$t = 2$時間　　　　　　　　　　〔　　　　　　〕

②　$P = 50$W，$t = 8$時間　　　　　　　　　　〔　　　　　　〕

③　$P = 400$W，$t = 20$時間　　kWhの単位で答えよ。〔　　　　　　〕

2 電気器具の「100V－800W」という表示は，100Vの電源につなぐと800Wの電力を消費するという意味である。次の問いに答えなさい。　（各3点×5　**15点**）

≪ チェック　P.100 ❶❷

(1)　100V－400Wと表示された電熱器を100Vの電源につないだとき，消費する電力は何Wか。　　　　　　　　　　　　　　　　〔　　　　　　〕

(2)　(1)のとき，電熱器には何Aの電流が流れているか。〔　　　　　　〕

(3)　(1)の電熱器を20秒間使ったときの電力量は何Jか。〔　　　　　　〕

(4)　(1)の電熱器を2時間使ったときの電力量は何Whか。〔　　　　　　〕

(5)　(1)の電熱器を毎日3時間ずつ，10日間使ったときの電力量は何kWhか。

〔　　　　　　〕

3 P〔W〕の電力でt秒間電流を流したときの熱量Q〔J〕は，$Q=Pt$で表される。これをもとに，次の(1)〜(3)での熱量を求めなさい。≪ チェック P.102 ❸ （各3点×3　**9**点）

(1)　$P=1$W　$t=1$秒　〔　　　　　　〕

(2)　$P=30$W　$t=5$分　〔　　　　　　〕

(3)　$P=2$W　$t=1$時間　〔　　　　　　〕

4 抵抗が5Ωの電熱線を用いて，右の装置をつくった。装置に水100gを入れ，10Vの電圧を加えて10分間電流を流した。次の問いに答えなさい。

≪ チェック P.102 ❸ （各4点×5　**20**点）

(1)　電熱線に流れる電流は何Aか。　〔　　　　　　〕

(2)　この電熱線が消費する電力は何Wか。〔　　　　　　〕

(3)　電熱線から毎秒何Jの熱量が発生するか。

〔　　　　　　〕

(4)　10分間に発生した熱量は何Jか。　〔　　　　　　〕

(5)　10分間に発生した熱量がすべて水の温度上昇に使われるとすると，水の温度は何℃上昇するか。答えは四捨五入し，整数で答えよ。ただし，水1gの温度を1℃上昇させるのに必要な熱量を4.2Jとする。　〔　　　　　　〕

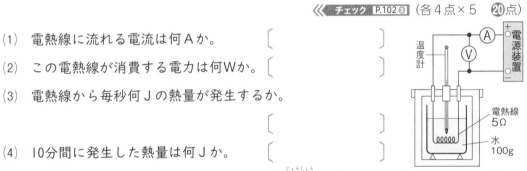

電源装置

温度計

電熱線
5Ω

水
100g

5 右の図は，直流と交流をオシロスコープで見たものである。次の問いに答えなさい。

≪ チェック P.102 ❹ （各5点×4　**20**点）

(1)　右の図のA，Bはそれぞれ直流，交流のどちらか。

A〔　　　　　　〕　B〔　　　　　　〕

(2)　家庭用のコンセントに流れている電流は，直流，交流のどちらか。　〔　　　　　　〕

(3)　交流で，1秒間あたりにくり返す電流の変化の回数を何というか。

〔　　　　　　〕

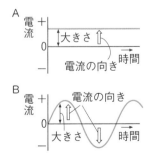

A　電流　+
0　大きさ　電流の向き　時間
−

B　電流　+　電流の向き
0
−　大きさ　時間

練習
ドリル 🌱

8章 電気エネルギー

1 次の問いに答えなさい。 （各5点×5　**25**点）

(1) ある電気器具に6Vの電圧を加えたとき，2Aの電流が流れた。このときの電力は何Wか。 〔　　　　　　〕

(2) 右の図のように表示されたスチームアイロンを，100Vの家庭用電源につないだ。このときスチームアイロンには，何Aの電流が流れるか。 〔　　　　　　〕

スチームアイロン
100V−1000W

(3) (2)のスチームアイロンを1分間使ったときに発生する熱量は何Jか。 〔　　　　　　〕

(4) (2)のスチームアイロンを2時間使ったときの電力量は何Whか。 〔　　　　　　〕

(5) (2)のスチームアイロンを1日30分間で10日間使ったときの電力量は何kWhか。 〔　　　　　　〕

2 右の図のように，ポリエチレンのビーカーに水を入れ，6V−6Wの電熱線を用いて回路をつくった。次の問いに答えなさい。 （各5点×3　**15**点）

(1) 6Vの電圧を70秒間，加えた。このとき発生した熱量は何Jか。 〔　　　　　　〕

(2) 熱量の単位としてカロリー（cal）も使われる。(1)の熱量をカロリーで表すと何calになるか。ただし，1cal＝4.2Jとする。 〔　　　　　　〕

(3) 6V−12Wの電熱線を用いて同様の実験を行うと，発生する熱量は，(1)のときと比べてどうなるか。 〔　　　　　　〕

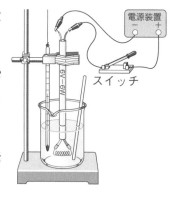
スイッチ
電源装置

得点**UP**
コーチ

1 (2) $P = VI$ より，1000W＝100V×Iで求められる。
(4)単位はWhである。

2 (2) 1calを4.2Jとして計算する。
(3)電熱線の発熱量は，消費する電力が大きいほど大きくなる。

3 右の図の装置に水100gを入れ，3本の電熱線A〜Cに10V の電圧を加えて5分間電流を流したときの，電力と水の上昇温度を調べると，右の表のようになった。次の問いに答えなさい。　（各6点×5　**30**点）

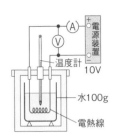

電熱線	A	B	C
電力〔W〕	18	9	6
水の上昇温度〔℃〕	12.6	6.3	4.2

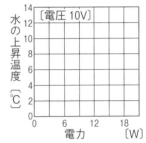

(1) 電熱線A，B，Cから発生した熱量はそれぞれ何Jか。

A〔　　　　　　　〕

B〔　　　　　　　〕

C〔　　　　　　　〕

(2) 電力と水の上昇温度の関係を，右のグラフに表しなさい。

(3) グラフから，水の上昇温度は電流を流す時間が一定のとき，何に比例するといえるか。　〔　　　　　　　〕

4 直流と交流について，次の問いに答えなさい。　（各6点×5　**30**点）

(1) 直流は，周期的に電流の向きが変わるか。　〔　　　　　　　〕

(2) 交流は，周期的に電流の向きが変わるか。　〔　　　　　　　〕

(3) 発光ダイオードは，一方の向きにだけ電流が流れ，電流が流れると点灯する。これを交流電源につないだとき，光り続けるか，点滅するか。

〔　　　　　　　〕

(4) 家庭のコンセントに供給されている電流は，直流，交流のどちらか。

〔　　　　　　　〕

(5) 乾電池による電流は，直流，交流のどちらか。

〔　　　　　　　〕

3 (1)熱量 $Q = Pt$ を使って求める。
(3)水の上昇温度は，電力および電流を流す時間に比例する。

4 オシロスコープで電流のようすを表すと，直流は直線に，交流は波形になる。

8章 電気エネルギー

1 右の図は，家庭にあるいろいろな電気器具とその消費電力を示したものである。次の問いに答えなさい。

（各7点×3 **21**点）

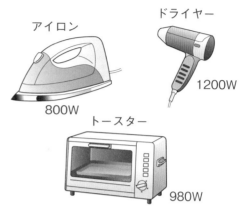

アイロン 800W

ドライヤー 1200W

トースター 980W

(1) 右の図の電気器具を，100Vのコンセントにつないで一度に使用すると，消費する電力は合計何Wになるか。

〔　　　　　〕

(2) 3つの電気器具のうち，100秒間に発生する熱量が最も多いのはどれか。また，その電気器具から，100秒間に発生する熱量は何Jか。

電気器具〔　　　　　〕　熱量〔　　　　　〕

2 下の図は，ある部屋の配線を表したもので，蛍光灯は100V－60W，テレビは100V－120Wである。次の問いに答えなさい。

（各6点×5 **30**点）

(1) 蛍光灯を100Vの電源に接続して使用したとき，蛍光灯に流れる電流は何Aか。〔　　　　　〕

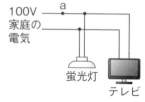

100V
家庭の
電気

蛍光灯　テレビ

(2) テレビを100Vの電源に接続して使用したとき，テレビに流れる電流は何Aか。〔　　　　　〕

(3) 蛍光灯とテレビを同時に使用したとき，配線のa点を流れる電流は何Aか。

〔　　　　　〕

(4) 蛍光灯とテレビを同じ時間使用したとき，消費した電力量はどちらが多くなるか。

〔　　　　　〕

(5) 蛍光灯を6時間，テレビを2時間使用したときに消費した電力量の合計は何Whか。

〔　　　　　〕

得点UP
コーチ

1 (2)発生する熱量は消費電力に比例する。ドライヤーから100秒間に発生する熱量を求める。

2 (3)この回路は並列回路である。したがって，a点を流れる電流は，それぞれを流れる電流の和である。

3 右の図のような装置で，抵抗が20Ωの電熱線に10V の電圧を加えて，水200gを加熱した。次の問いに 答えなさい。 　　　　　　　（各5点×5　**25**点）

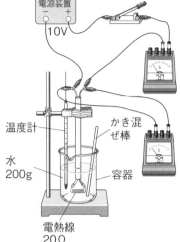

温度計
かき混ぜ棒
水 200g
容器
電熱線 20Ω
電源装置
10V

(1) 電熱線に流れる電流は何Aか。

〔　　　　　　　〕

(2) この電熱線が消費する電力はいくらか。単位をつけ て答えなさい。 〔　　　　　　　〕

(3) この電熱線から30分間に発生する熱量は何Jか。

〔　　　　　　　〕

(4) 電流を30分間流したとき，水200gの温度が10℃上昇したとすると，水が得た熱 量は何Jか。ただし，水1gを1℃上昇させるのに必要な熱量を4.2Jとする。

〔　　　　　　　〕

(5) (3)と(4)の値が異なるのは，電熱線で発生した熱の一部がどうなったためと考えら れるか。 〔　　　　　　　〕

4 右の図は，発光ダイオードに電流を流して暗い部屋で振っ たときのようすである。次の問いに答えなさい。

A

（各6点×4　**24**点）

B

(1) 家庭用のコンセントから得られる電流を流すと，A，Bの どちらの光り方をするか。 〔　　　　　〕

(2) (1)の電流の向きは，つねに一定か。 〔　　　　　〕

(3) 乾電池から得られる電流を流すと，A，Bのどちらの光り方をするか。

〔　　　　　〕

(4) (3)の電流の向きは，つねに一定か。 〔　　　　　〕

得点UP コーチ

3 (1), (2)オームの法則 $V = RI$，電力 $P = IV$ を使って求める。 (5)発生した熱のすべ てが，水に与えられるわけではない。

4 直流の電流は，＋極から－極に流れ ているが，交流は＋極と－極がたえ ず入れ変わっている。

❶ 磁石のまわりの磁界（じかい）

① **磁力**（じりょく） 磁石のN極とS極の間などにはたらく力。

② **磁界** 磁力のはたらく 空間。
 └→磁場ともいう。

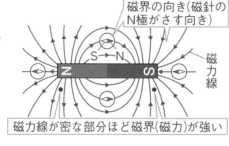
磁界の向き（磁針のN極がさす向き）
S←N
磁力線
磁力線が密な部分ほど磁界（磁力）が強い

● **磁界の向き**…磁針のN極がさす向き。

● **磁力線**…磁界の向きにそってかいた線。
 └→N極から出て、S極に入る。 └→折れ曲がったり交わったりしない。

● **磁界の強さ**…磁力線の間隔（かんかく）が、せまいところほど磁界が強く、広いところほど磁界は弱い。

❷ コイルのまわりの磁界

① **導線を流れる電流のまわりの磁界** 導線を中心とした同心円状の磁界ができる。

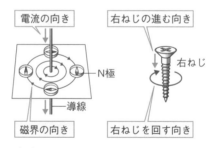
電流の向き
右ねじの進む向き
右ねじ
N極
導線
磁界の向き
右ねじを回す向き

● **磁界の向き**…電流の向きに右ねじを進ませるときの、ねじを回す向きが磁界の向きになる。
 └→これを右ねじの法則という。

● **磁界の強さ**…電流が大きいほど、導線に近いほど、強くなる。
 └→導線から遠くなると、磁針はしだいに北をさす。

② **コイルがつくる磁界** コイルの内側と外側で逆向きの磁界ができる。

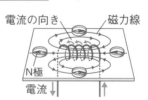
電流の向き 磁力線
N極
電流

● **磁界の向き**…右手の4本の指を電流の向きににぎると、親指の向きが磁界の向きになる。

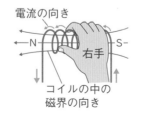
電流の向き
N S
右手
コイルの中の磁界の向き

● **磁界の強さ**…電流が大きいほど、コイルの巻数が多いほど、強くなる。

✦ 覚えると得 ✦

導線が円形のときの磁界

導線の一部分を直線とみなして、直線状の導線に流れる電流と同じように、磁界の向きを考える。

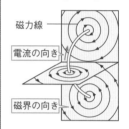
磁力線
電流の向き
磁界の向き

導線の下の磁界

導線の下の磁界は図のようになっている。

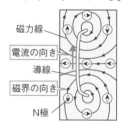
磁力線
電流の向き
導線
磁界の向き
N極

！ ミスに注意

○電流の向きを逆にすると、できる磁界の向きも逆になる。

基本チェック

左の「学習の要点」を見て答えましょう。

① 磁界について，次の文の〔　　〕にあてはまることばを書きなさい。

チェック P.110 ①②

(1) 磁力のはたらく空間を〔　　　　　〕という。

(2) 磁針の〔　　　　〕極がさす向きが磁界の向きになる。

(3) 磁界の向きにそってかいた線を〔　　　　　　〕という。

(4) 磁力線の矢印は〔①　　　　〕極から〔②　　　　〕極に向かってつける。

(5) 磁力線の間隔がせまいところほど，磁界は〔①　　　　〕く，広いところほど，磁界は〔②　　　　〕い。

(6) 導線を流れる電流のまわりの磁界の向きは，電流の向きに右ねじを進ませるときの〔　　　　　　　〕向きになる。

(7) 右の図で磁界の向きは，ア，イのうち，〔　　　　　〕である。

(8) 導線を流れる電流のまわりの磁界の強さは，〔　　　　　〕が大きいほど強い。

② 右の図のように，コイルに電流を流すと，まわりに置いた磁針は，図のような向きをさして止まった。次の問いに答えなさい。

チェック P.110 ②

(1) 図のコイルの中の磁界の向きは，東から西，西から東のうち，どちらの向きか。　〔　　　　　　　〕

(2) 図のコイルの外の磁界の向きは，東から西，西から東のうち，どちらの向きか。　〔　　　　　　　〕

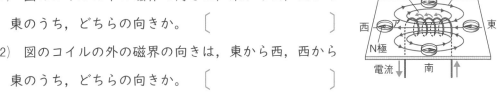

(3) 電流を逆向きに流すと，導線のまわりにできる磁界の向きはどうなるか。

〔　　　　　　　　〕

(4) 次の①，②のようにすると，コイルの端アの磁界の強さはどうなるか。

① 電流を大きくする。　〔　　　　　　　〕

② コイルの巻数を増やす。　〔　　　　　　　〕

9章 電流と磁界 – 2

❸ 電流が磁界から受ける力

① **力の向き**　磁石の磁界と電流による磁界が，**強め合う方から弱め合う方の向き**に力を受ける。

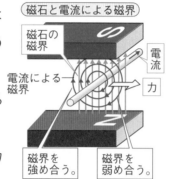

磁石と電流による磁界

磁石の磁界
電流
電流による磁界
力
磁界を強め合う。
磁界を弱め合う。

● **電流の向きを逆にする**…受ける力の向きは逆になる。

● **磁界の向きを逆にする**…受ける力の向きは逆になる。

● **受ける力の大きさ**…電流が大きいほど，磁界が強いほど，大きくなる。

② **モーター**　コイルを流れる電流が
↳電動機ともいう。
磁界から力を受けて回転する装置。

モーターのしくみ

力の向き
コイル
コイルが回る向き
N
B
C
S
磁界の向き
A
D
力の向き
整流子
ブラシ
電流

● **回転が続くしくみ**…コイルが半回転するごとに，整流子とブラシで電流の向きを変えて，力のはたらく向きを同じにする
↳同じ向きに回転する力の向きになる。
ことで，回転が続く。

❹ 電磁誘導（でんじゆうどう）

① **電磁誘導**　コイルの中の磁界が変化すると，電圧が生じてコイルに電流が流れる現象。

② **誘導電流**　電磁誘導が起こるときに流れる電流。

誘導電流の向き

N極を近づける。
誘導電流の向き
検流計
コイルにできる磁界

N極を遠ざける。
検流計

● **誘導電流の向き**…コイルの中に磁石を入れるときと出すときで逆向きになる。近づける極を変えても逆向きになる。
N極を近づけるときとS極を近づけるときでは逆になる。

● **誘導電流の大きさ**…**磁界の変化が大きいほど，コイルの巻数**
↳コイルの中の磁石の動きが速いほど。
が多いほど，磁石の磁力が強いほど，大きくなる。

✦ 覚えると得 ✦

電流・磁界・力の向きの覚え方

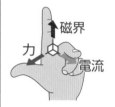

磁界
力
電流

左手の指を上の図のように開くと，中指が電流の向き，人さし指が磁界の向き，親指が力の向きを表す。この関係を**フレミングの左手の法則**という。

発電機
電磁誘導を利用して電流を連続的に発生させる装置。

重要 テストに出る

● 誘導電流は，コイルの中の磁界が変化したときだけ流れる。磁石とコイルが静止しているときは，誘導電流は流れない。

左の「学習の要点」を見て答えましょう。

③ 電流が磁界から受ける力について，次の問いに答えなさい。　《《 チェック P.112 ③

(1) 電流が磁界から受ける力の向きは，次のア，イのどちらか。　〔　　　〕

　　ア　磁石の磁界と電流による磁界が，強め合う方から弱め合う方の向き。

　　イ　磁石の磁界と電流による磁界が，弱め合う方から強め合う方の向き。

(2) 電流の向きを逆にすると，受ける力の向きはどうなるか。

〔　　　　　　〕

(3) 磁界の向きを逆にすると，受ける力の向きはどうなるか。

〔　　　　　　〕

(4) 受ける力の大きさは，何の大きさや強さに関係しているか。2つ書きなさい。

〔　　　　　　〕〔　　　　　　〕

(5) コイルを流れる電流が磁界から力を受けて回転する装置を何というか。

〔　　　　　　〕

④ 電磁誘導について，次の問いに答えなさい。　《《 チェック P.112 ④

(1) 棒磁石をコイルの中に入れたとき，コイルに電流が流れた。これは，コイルの中の何が変化したためか。　〔　　　　　〕

(2) (1)のとき，コイルに生じた電流を何というか。〔　　　　　〕

(3) 次の①，②のとき，それぞれコイルに電流が流れるか。

　　① 棒磁石をコイルの中で静止させておいたとき。〔　　　　　〕

　　② 棒磁石をコイルの中から出したとき。〔　　　　　〕

(4) コイルの中の磁界が変化すると，電圧が生じてコイルに電流が流れる現象を何というか。〔　　　　　〕

(5) コイルに棒磁石を入れるときと，コイルから棒磁石を出すときで，コイルに流れる電流の向きはどうなるか。〔　　　　　〕

(6) 誘導電流は，磁界の変化が大きいほど大きくなる。コイルの中で棒磁石を速く動かすと，コイルに生じる誘導電流の大きさはどうなるか。〔　　　　　〕

1 図を見て，次の文の〔 〕にあてはまることばを書きなさい。 （各5点×6 **30点**）
《 チェック P.110 ❶ 》

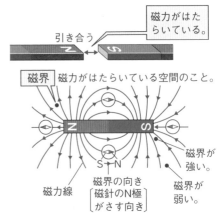

磁力がはたらいている。

引き合う

磁界 磁力がはたらいている空間のこと。

磁力線

磁界の向き〔磁針のN極がさす向き〕

磁界が強い。

磁界が弱い。

(1) 磁石が引き合ったり，しりぞけ合ったりする力を〔① 　　　　〕といい，①がはたらいている空間を〔② 　　　　〕という。

(2) 磁界の向きは，磁針の〔 　　　　　　〕がさす向きである。

(3) 磁界の向きにそってかいた線を磁力線といい，磁力線は，磁石の〔① 　　　　〕から出て，磁石の〔② 　　　　〕へ向かう。

(4) 磁界の強さは，磁力線の間隔がせまいところほど〔 　　　　　〕。

2 電流が流れている導線のまわりには磁界ができる。図を見て，次の問いに答えなさい。 （各6点×4 **24点**）
《 チェック P.110 ❷ 》

図1

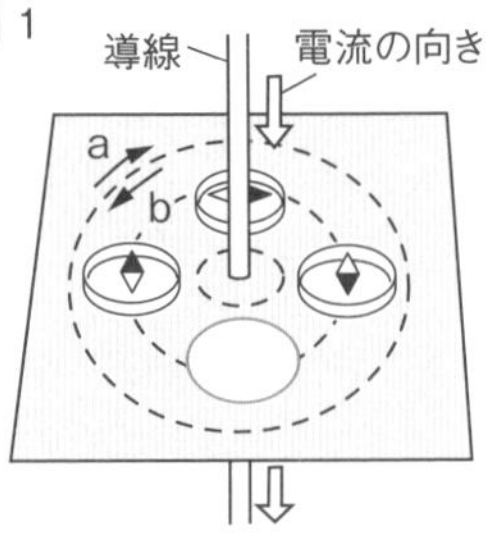

導線 　電流の向き

a
b

図2

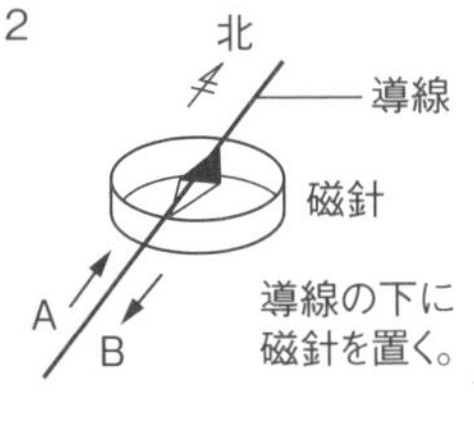

北

導線

磁針

A
B

導線の下に磁針を置く。

(1) 図1の○の中に，磁針の向きを，◀▶のような図でかき入れなさい。ただし，黒い方がN極を表す。

(2) 電流が図1の白矢印（⇩）の向きに流れているとき，導線のまわりにできる磁界の向きは，a，bのどちらか。記号で答えなさい。 〔 　　　 〕

(3) 図2のA，Bの向きに，導線に電流を流したとき，導線の下に置いた磁針がふれる向きを，それぞれ右のア～エから選び，記号で答えなさい。

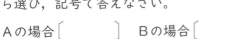

北 ア イ ウ エ

Aの場合〔 　　　 〕 Bの場合〔 　　　 〕

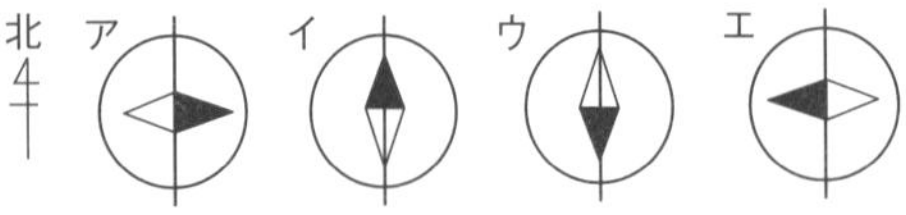

3 コイルに電流を流したとき，コイルのまわりにはどのような磁界ができるか。次のア～エから選び，記号で答えなさい。 《 チェック P.110 ❷ 》 （**7点**） 〔 　　　 〕

ア 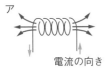 イ 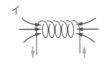 ウ 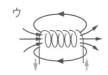 エ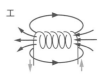

電流の向き

4 電流が磁界から受ける力を調べるため，U字形磁石を下のA～Dのように置き，コイルに電流を矢印（→）の向きに流すと，Aのコイルは，矢印（➡）の向きに動いた。B～Dのコイルの動く向きは，Aと同じか逆か答えなさい。

≪ チェック P.112 ③ （各5点×3 **15**点）

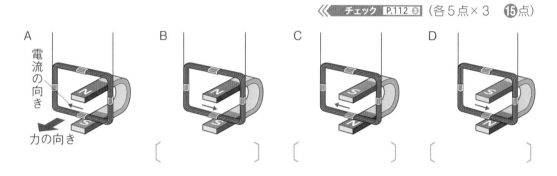

5 図1のように，コイルに棒磁石のN極を近づけたとき，コイルに電流が流れた。次の問いに答えなさい。

≪ チェック P.112 ④ （各8点×3 **24**点）

(1) このようにコイルに電流が流れる現象を何というか。

〔　　　　　　　　　〕

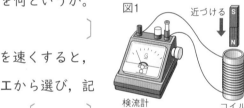

(2) コイルに棒磁石のN極を近づける速さを速くすると，検流計のふれ方はどうなるか。次のア～エから選び，記号で答えなさい。　〔　　　〕

　ア　同じ向きに大きくふれる。　　イ　同じ向きに小さくふれる。

　ウ　逆の向きに大きくふれる。　　エ　逆の向きに小さくふれる。

(3) 次のア～ウのように，図1と同じ装置を使って棒磁石を遠ざけたり，磁石の向きを変えたりして実験をした。電流が図1と同じ向きに流れるのはどれか。ア～ウから選び，記号で答えなさい。　　〔　　　　　〕

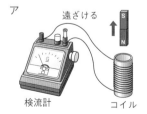 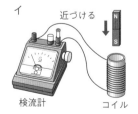 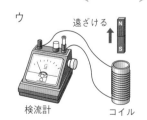

1 右の図は，棒磁石のまわりの磁力線のようすを表したものである。次の問いに答えなさい。

（各6点×4 **㉔**点）

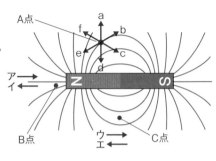

(1) A点に磁針を置いたとき，磁針のN極は，a～fのうち，どの向きをさして止まるか。

〔　　　　　〕

(2) B点，C点における磁界の向きを，それぞれ図中のア～エから選び，記号で答えなさい。　　　　B点〔　　　〕　C点〔　　　〕

(3) A点，B点，C点のうち，磁界が最も強いところはどこか。　〔　　　〕

2 電流が流れているコイルが，磁界の中で力を受けることを利用して，コイルが回転するようにした装置をモーターという。モーターは，半回転ごとにコイルを流れる電流の向きを変え，つねに磁界によってはたらく力の向きが同じになっている。次の問いに答えなさい。　（各7点×4 **㉘**点）

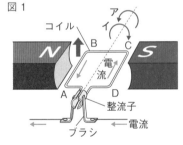

(1) 図1のとき，コイルのABの部分には上向きの力がはたらく。CDの部分が磁石の磁界から受ける力の向きは，上向き，下向きのどちらか。

〔　　　　　〕

(2) 図1の状態のとき，コイルはア，イのどちらの向きに回転するか。　〔　　　〕

(3) 図2は，コイルが図1の状態から180°回転したところである。コイルのABの部分に流れる電流の向きは，a，bのどちらか。　〔　　　〕

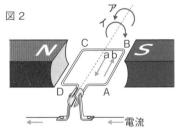

(4) 図2の状態のとき，コイルはア，イのどちらの向きに回転するか。　〔　　　〕

1 (1), (2)磁力線は磁石のN極から出てS極へ向かう。磁力線の向きと磁界の向きは同じである。

2 (1)電流の向きはABの部分とCDの部分では逆向きである。　(3)電流の向きは，A→B→C→Dの向きに変わる。

3 図1〜図4のように，導線やコイルに電流を流して，そのまわりに磁針を置いた。これについて，次の問いに答えなさい。　　　　　　　　　（各6点×4　**24**点）

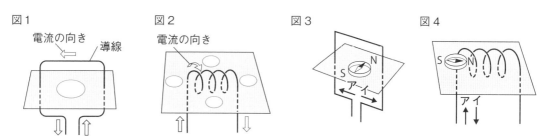

図1　電流の向き　導線

図2　電流の向き

図3

図4

(1) 図1，図2で，電流を白矢印（⇧）の向きに流したとき，◯の位置に置いた磁針のN極のさす向きを，下の例にならって，矢印でかき入れなさい。

　　例：ₛ◢ᴺ の場合は（↗）（図2は完答）

(2) 磁針が，図3，図4の向きにふれたとき，流れている電流の向きは，それぞれ，ア，イのどちらか。　　　　　　　　図3〔　　　　〕　図4〔　　　　〕

4 右の図の装置で，コイルを矢印のように動かした。次の問いに答えなさい。（各6点×4　**24**点）

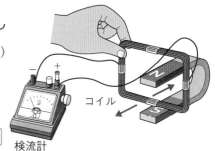

コイル

検流計

(1) コイルを動かしたとき，検流計の針がふれた。コイルの中の何が変化したためか。

　　　　　　　　　　　　　　　〔　　　　　　　　〕

(2) 右の図の矢印のように，コイルを入れるときと出すときでは，検流計の針がふれる向きはどうなるか。　　　　　　　　　〔　　　　　　　　〕

(3) コイルを図の位置で止めておくと，検流計の針はふれるか。

　　　　　　　　　　　　　　　　　　　　〔　　　　　　　　〕

(4) コイルを速く動かしたときと，ゆっくり動かしたときでは，検流計の針のふれは，どちらのときの方が大きいか。　　　　　〔　　　　　　　　〕

得点**UP**
コーチ

3 (1)図1は，磁針の左側か右側の導線の一部分について，磁界の向きを考える。図2は，コイルの内側と外側について，磁界の向きを考える。

4 コイルの方を動かしても，磁石の方を動かしても，現象は同じである。

9章 電流と磁界①

1 電流を流した導線のまわりにできる磁界について，次の問いに答えなさい。　（各5点×4　**20**点）

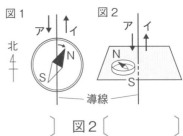

(1) 電流を流した導線の下や近くに磁針を置くと，右の図1，図2のようにふれた。電流の向きは，それぞれ，ア，イのどちらか。　図1〔　　　〕　図2〔　　　〕

(2) 導線のまわりの磁界の強さは，電流が大きいほど強くなる。図1の導線に流す電流をさらに大きくすると，磁針のふれの大きさはどうなるか。

〔　　　　　　　　　　　　〕

(3) 電流の大きさを変えないで，図1の導線を水平にしたまま，磁針の真上の方向へ少し上げると，磁針のふれが小さくなった。このことから考えて，次の文の〔　　　〕にあてはまることばを書きなさい。

電流によって導線のまわりにできる磁界の強さは，導線に近いほど〔　　　　　　〕。

2 電磁誘導について，次の問いに答えなさい。　（各8点×5　**40**点）

(1) 右の図のア～ウのように，矢印の向きに棒磁石を動かしたとき，コイルに電流が流れるものには○を，流れないものには×をつけなさい。

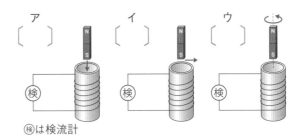

検は検流計

(2) (1)のア～ウのうち，電流が流れるものについて，次の①，②のようにすると，流れる電流は，大きくなる，小さくなる，変わらないのうち，どれになるか。

① 棒磁石を速く動かす。　〔　　　　　　　　　　〕

② コイルの巻数を多くする。　〔　　　　　　　　　　〕

1(1)磁界の向きに右ねじを回すとき，ねじの進む向きが電流の向きである。
(3)導線から離れると磁力は弱くなる。

2(1)磁界が変化しないと，誘導電流は流れない。
(2)①磁界の変化が大きくなる。

学習日　　　　月　　日　　得点　　　点

3 コイルや20Ωの電熱線などを用いて，右の図のような装置をつくり，コイルに電流を流したところ，コイルは図のアの矢印の向きに動いた。次の問いに答えなさい。　　（各5点×8　**40**点）

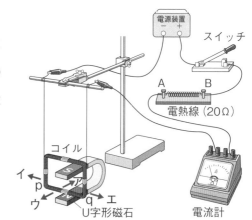

(1) U字形磁石のN極とS極の間には，磁力がはたらいている。磁力のはたらいている空間を何というか。　〔　　　　　　　〕

(2) 図のコイルのpq間を流れる電流の向きと，電流によってできるコイルのまわりの磁界の向きを，次の**カ〜ケ**から選び，記号で答えなさい。　〔　　　　　　　〕

(3) 図の装置を，次の①〜③のように変えて電流を流した。コイルが動く向きを，それぞれ図のア〜エから選び，記号で答えなさい。

　① 電流を逆向きに流す。　　　　　　　　　　　　　　　　〔　　　　　　　〕

　② U字形磁石を，N極を上にして置く。　　　　　　　　　〔　　　　　　　〕

　③ U字形磁石を，N極を上にして置き，電流を逆向きに流す。〔　　　　　　　〕

(4) 電圧は変えずに，図のAB間の20Ωの電熱線を，次の①，②のものにとりかえると，上の実験のときと比べて，コイルの動く大きさはどうなるか。

　① 20Ωの電熱線2本を直列につないだもの　　　　　　　〔　　　　　　　〕

　② 20Ωの電熱線2本を並列につないだもの　　　　　　　〔　　　　　　　〕

(5) 電流が(1)から受ける力を利用して，コイルが連続的に回転するようにつくられた装置を何というか。　〔　　　　　　　〕

3 (3)磁界の向き，電流の向きのいずれか一方が逆になると，磁界中で電流が受ける力の向きも逆になる。　(4)直列つなぎの全体の抵抗の値は，1本の抵抗器より大きく，並列つなぎの全体の抵抗の値は，どちらの抵抗器よりも小さい。

9章 電流と磁界②

1 右の図のような装置をつくり，スイッチを入れると，磁針XのN極が，ウの向きをさして止まった。次の問いに答えなさい。

（各6点×4　**24**点）

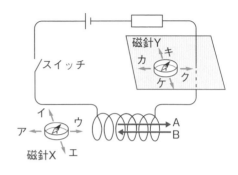

(1) このとき，コイルの中の磁界の向きは，A，Bのどちらか。　　〔　　　　〕

(2) このとき，磁針YのN極がさす向きを，図の**カ〜ケ**から選び，記号で答えなさい。
〔　　　　〕

(3) コイルの中に鉄しんを入れると，鉄しんの右側は何極になるか。
〔　　　　〕

(4) 乾電池の向きを変えて電流を逆向きに流したとき，磁針XのN極がさす向きを，図の**ア〜エ**から選び，記号で答えなさい。　　〔　　　　〕

2 右の図のようなコイルに，電流を青矢印の向きに流した。次の問いに答えなさい。

（各6点×4　**24**点）

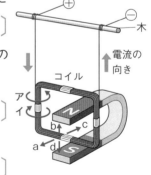

(1) コイルのまわりにできる磁界の向きは，図中の**ア，イ**のどちらか。　　〔　　　　〕

(2) 磁石による磁界の向きは，N極からS極，S極からN極のどちらか。
〔　　　　〕

(3) コイルは，図中の a 〜 d のうち，どの向きに動くか。
〔　　　　〕

(4) 流れる電流を大きくすると，コイルの動きの大きさは大きくなるか，小さくなるか。　　〔　　　　〕

**得点UP
コーチ**

1 (2)電池（電源）の記号をもとにして，導線を流れる電流の向きから考える。
2 (3)磁石の磁界と電流による磁界が強め

合う方から弱め合う方に動く。
(4)電流が大きくなると，受ける力も強くなる。

学習日　月　日　得点　点

3 右の図のように，コイルに棒磁石のS極を近づけると，検流計の針が右にふれた。次の問いに答えなさい。　（各7点×4　㉘点）

棒磁石を動かした向き
コイル
検流計

(1) このように，コイルに磁石を近づけると，コイルの中の磁界が変化し，コイルに電流が流れる。この電流のことを何というか。　〔　　　　　　　〕

(2) 棒磁石のN極，S極を逆にし，N極をコイルに近づけるように動かすと，検流計の針は左，右のどちらにふれるか。　〔　　　　　　　〕

(3) コイルに流れる電流を大きくするには，次の①，②を，どのようにすればよいか。

① 磁石を動かす速さ　〔　　　　　　　〕

② コイルの巻数　〔　　　　　　　〕

4 磁力を利用して動くリニアモーターカーに興味をもったYさんは，電流と磁界の間にはたらく力を調べるため，右の図のような装置を考えた。磁石のN極を上にしてテープではりつけ，その両側に金属のパイプでつくったレールを固定し，電流を流すと，軽い金属のパイプが動いた。次の問いに答えなさい。　（各8点×3　㉔点）

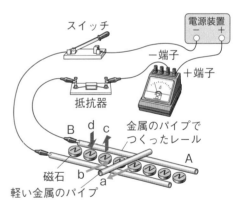

スイッチ
電源装置
－端子
＋端子
抵抗器
B　d　c
金属のパイプでつくったレール
A
磁石　b
軽い金属のパイプ　a

(1) 金属のパイプを流れる電流の向きはa，bのどちらか。また，磁石の磁界の向きはc，dのどちらか。　電流〔　　　　〕　磁界〔　　　　〕

(2) 電流が流れたとき，パイプはAからBに動いた。磁石のS極を上にして同様にすると，パイプはどちらからどちらに動くか。　〔　　　　　　　〕

得点UP
コーチ

3 (3)誘導（ゆうどう）電流は，磁石の動きが速いほど，コイルの巻数が多いほど，磁石の磁力が強いほど大きくなる。

4 (1)どちらのレールが＋端子（プラスたんし）につながれているかで考える。　(2)一方の磁界の向きだけ逆にすると，逆に動く。

1 100V－40Wの電球Aと100V－60Wの電球Bを
右の図のようにつなぎ，100Vの電源につないだ。次
の問いに答えなさい。 （各6点×4 **24**点）

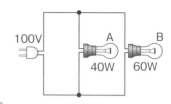

(1) 2個の電球A，Bに流れる電流は，どちらが大きいか。
〔　　　　　　　〕

(2) 電球A，Bが消費した電力は，あわせて何Wか。 〔　　　　　　　〕

(3) 電球Aが1分間に消費した電力量は何Jか。 〔　　　　　　　〕

(4) 電球Bを1時間つけたときに消費した電力量は何Whか。 〔　　　　　　　〕

2 磁力や，電流が流れている導線のまわりにできる磁界の向きについて，次の問い
に答えなさい。 （各5点×5 **25**点）

(1) U字形磁石のN極とS極の上に下じきを置き，その上に鉄粉をまいたところ，鉄
粉は磁力により，下のア，イのいずれかの模様をえがいた。下じきの上の鉄粉のよ
うすを表しているのは，ア，イのどちら
か。 〔　　　　　　　〕

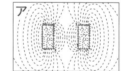 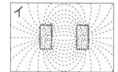

(2) 磁力がはたらいている空間を何という
か。 〔　　　　　　　〕

(3) 次のA〜Cのように，導線やコイルに白矢印（⇒）の向きに電流を流した。この
とき，図の位置に置いた磁針のN極のさす向きを，それぞれ図のア〜エから選び，
記号で答えなさい。

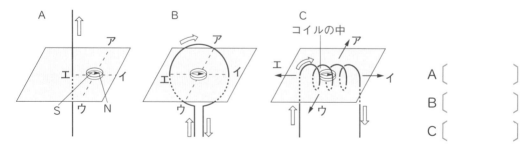

A 〔　　　　　　　〕

B 〔　　　　　　　〕

C 〔　　　　　　　〕

---

1 (1)消費電力の大きい方に大きい電流が
流れる。
(2)Aで40W，Bで60W消費される。

2 (1)鉄粉の模様は，磁力線のようすを表
している。

3 図1の装置をつくり，スイッチを入れると，導　図1

　線のX－Yの部分がaの向きに動いた。次の問

　いに答えなさい。　　　　　（各5点×3　**15**点）

(1)　U字形磁石のN極とS極を入れかえてスイッチ

　を入れると，導線のX－Yの部分は，図1のa～

　dのどの向きに動くか。　　　　〔　　　　　〕

(2)　電源の電圧を変えて，導線に流れる電流を大き

　くすると，導線X－Yの部分が動く大きさはどうなるか。　〔　　　　　〕

(3)　図1のスイッチを開いて磁針Pを導線の真上から見ると，磁針の向きは，図2の

　ようになっていた。スイッチを入れたと

　きの磁針の向きを，右のア～エから選び，

　記号で答えなさい。　　　　〔　　　　　〕

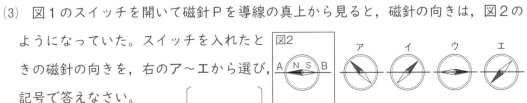

4 右の図のように，コイルの中に棒磁石のN極を入れる

　と，導線にはアの向きに電流が流れた。次の問いに答

　えなさい。　　　　　　　（各6点×6　**36**点）

(1)　コイルの中からN極を出すとき，電流の向きは，ア，

　イのどちらになるか。　　　　　〔　　　　　〕

(2)　この実験のように電流が流れる現象を何というか。　〔　　　　　〕

(3)　棒磁石をコイルの中で静止させているとき，電流は流れるか，流れないか。

　　　　　　　　　　　　　　　　　　　　　〔　　　　　〕

(4)　流れる電流をもっと大きくするには，次の①～③をどうすればよいか。

　①　棒磁石を動かす速さ　　　　　　　　　〔　　　　　〕

　②　棒磁石の磁力　　　　　　　　　　　　〔　　　　　〕

　③　コイルの巻数　　　　　　　　　　　　〔　　　　　〕

1 図1は，自転車の発電機の模式図を表している。自転車をこぐと，真ん中の磁石が回転して電流が発生し，電球がつくしくみになっている。次の問いに答えなさい。

図1

図2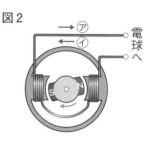

(各8点×3 **24**点)

(1) このようにして流れた電流のことを何というか。 〔　　　　　〕

(2) 図1でN極が左にきたとき，電流が➡の向きに流れたとすると，図2でS極が左にくるとき，電流は⑦，④のどちらの向きに流れるか。 〔　　　　　〕

(3) 電球をより明るくするには，どうすればよいか。〔　　　　　　　〕

2 右の図は，発光ダイオードを直流と交流につないでふったときの光り方を示したものである。次の問いに答えなさい。

(各8点×2 **16**点)

(1) 発光ダイオードを交流につないだときの光り方は，A，Bのどちらか。 〔　　　　　〕

(2) 発光ダイオードを直流につなぐと，明かりがついた。発光ダイオードを逆につなぐと，明かりはつくか。 〔　　　　　〕

3 ある電熱線に100Vの電圧を加えると，5.0Aの電流が流れた。次の問いに答えなさい。

(各8点×3 **24**点)

(1) この電熱線に100Vの電圧を加えたとき，消費する電力は何Wか。

〔　　　　　　　〕

1 (2)磁石の極が変わると，電流の流れる向きは逆になる。

2 (1)交流は光が点滅をくり返している。

(2)発光ダイオードに直流を流すと，決まった向きに流れたときだけ点灯する。

(2) この電熱線に100Ｖの電圧を加えて30秒間電流を流した。このとき発生する熱量は何Ｊか。　　　　　　　　　　　　　〔　　　　　　　　　〕

(3) この電熱線に100Ｖの電圧を加えて5時間使用した。このとき消費された電力量は何kWhか。　　　　　　　　　　　　　〔　　　　　　　　　〕

❹ 磁界とコイルを流れる電流の関係を調べる実験をした。図1のＵ字形磁石は，Ｎ極を上にＳ極を下にしてあり，最初スイッチは開いてあった。図2は，図1のＵ字形磁石とエナメル線でつくったコイルの一部分を拡大したものである。次の問いに答えなさい。

（各9点×4　㊱点）

(1) Ｕ字形磁石の磁界の向きは，次のア，イのどちらか。　〔　　　　〕

　　ア　Ｎ極からＳ極

　　イ　Ｓ極からＮ極

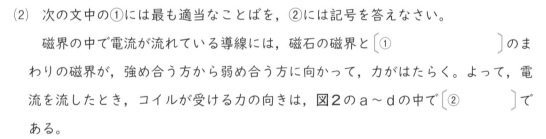

(2) 次の文中の①には最も適当なことばを，②には記号を答えなさい。

　　磁界の中で電流が流れている導線には，磁石の磁界と〔①　　　　　　　　　〕のまわりの磁界が，強め合う方から弱め合う方に向かって，力がはたらく。よって，電流を流したとき，コイルが受ける力の向きは，図2のａ〜ｄの中で〔②　　　　〕である。

(3) 次に，実験装置からコイルをはずして検流計に接続し，図3のように，コイルの左側から矢印の向きに棒磁石のＮ極をすばやく近づけると，電流が流れた。棒磁石の動かし方を変えたとき，図3と同じ向きに電流が流れるのはどれか。右のア〜ウから選び，記号で答えなさい。　〔　　　　　　　〕

---

❸(1)電力〔Ｗ〕＝電圧〔Ｖ〕×電流〔Ａ〕

　(2)発熱量〔Ｊ〕＝電力〔Ｗ〕×時間〔ｓ〕

　(3)電力量〔Ｗh〕＝電力〔Ｗ〕×時間〔ｈ〕

❹(2)電流によってできる磁界は，ｃ側では下向きで磁石の磁界と強め合い，ａ側では上向きで磁石の磁界と弱め合う。

定期テスト 対策 問題(6) ✐

1 家庭にある電気ポットには，「100V－700W」という表示があった。次の問い
に答えなさい。 (各7点×5 **35**点)

100V－700W

(1) この電気ポットを家庭用のコンセントにさしこんだ。家庭では
どの電気器具にも，100Vの電圧が加わる。この電気ポットには，
何Aの電流が流れるか。 〔　　　　　　　〕

(2) (1)のとき，電気ポットの消費する電力と，1分間に発生する熱
量は，それぞれいくらか。

電力〔　　　　　　　〕 熱量〔　　　　　　　〕

(3) この電気ポットに1000gの水を入れて加熱すると，10分でお湯が沸いた。次に
「100V－1000W」の表示のある電気ポットに，同じ温度の水1000gを入れて，家庭
用のコンセントにさしこむと，消費する電力の大きさと，お湯が沸くまでの時間は，
「100V－700W」の電気ポットと比べてどうなるか。

電力〔　　　　　　　　　〕
時間〔　　　　　　　　　〕

2 右の図のように，発光ダイオードをつないだ円筒形のコイ
ルの外側からAに向かって，棒磁石のS極をすばやく近づ
けると，発光ダイオードが光った。次の問いに答えなさい。

(各6点×3 **18**点)

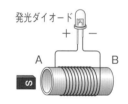
発光ダイオード

(1) このようにコイルに電流が流れる現象を何というか。また，このとき流れた電流
のことを何というか。 現象〔　　　　　　　〕

電流〔　　　　　　　〕

(2) 図の装置を用い，次のア～エの操作を行ったとき，発光ダイオードが光るのはど
れか。ア～エから選び，記号で答えなさい。ただし，矢印は，棒磁石をそれぞれ図
の位置からすばやく動かすときの向きを表す。 〔　　　　　　　〕

❸ 右の図の装置をつくり，金属のレールに電流を流すと，金属のパイプは矢印（→）の向きに動いた。次の問いに答えなさい。　（各7点×5　**35**点）

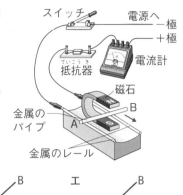

(1) 電流が流れているとき，金属のパイプのまわりにできる磁界の向きを，次のア〜エから選び，記号で答えなさい。　〔　　　〕

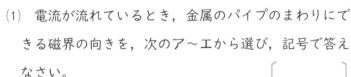

ア　　イ　　ウ　　エ　

(2) 流れる電流の向きを逆にし，さらに磁石がつくる磁界の向きも逆にすると，金属のパイプは，図の矢印と同じ向きに動くか，逆の向きに動くか，それとも静止したまま動かないか。　〔　　　　　　　　　〕

(3) 金属のパイプをより速く動かすには，次の①，②をどのようにすればよいか。

　① 流れる電流の大きさ　〔　　　　　　　　　〕

　② 磁石の磁力の強さ　〔　　　　　　　　　〕

(4) このように，電流の流れるパイプや導線が，磁界から力を受けて動くことを利用したものは何か。次のア〜エから選び，記号で答えなさい。　〔　　　〕

ア　電熱器　　イ　発電機　　ウ　モーター　　エ　電磁石

❹ 右の図のように，コイルに棒磁石のS極を入れてすぐ出したところ，検流計の針は右にふれてから左にふれた後，もどって0をさして止まった。コイルに棒磁石のN極を入れて静止させたとき，検流計の針はどのようにふれるか。次のア〜エから選び，記号で答えなさい。また，コイルに電流が流れるのは，コイル内の何が変化するからか。（各6点×2　**12**点）

記号〔　　　〕　変化〔　　　　　〕

ア　右にふれたまま止まる。　　イ　右にふれてから，もどって0をさして止まる。

ウ　左にふれたまま止まる。　　エ　左にふれてから，もどって0をさして止まる。

「中学基礎100」アプリ ［テスト前 5科4択］ で，
スキマ時間にもテスト対策！

問題集  アプリ

\ 日常学習 テスト1週間前 /

『中学基礎がため100%』
シリーズに取り組む！

\ 定期テスト直前！ /

テスト必出問題を
「4択問題アプリ」で
チェック！

アプリの特長

『中学基礎がため100%』の
5教科各単元に
それぞれ対応したコンテンツ！
＊ご購入の問題集に対応した
コンテンツのみ使用できます。

テストに出る重要問題を
4択問題でサクサク復習！

間違えた問題は「解きなおし」で，
何度でもチャレンジ。
テストまでに100点にしよう！

＊アプリのダウンロード方法は，本書のカバーそで（表紙を開いたところ），または1ページ目をご参照ください。

中学基礎がため100%

できた！ 中2理科
物質・エネルギー（1分野）

2021年3月　第1版第1刷発行
2023年5月　第1版第3刷発行

発行人／志村直人
発行所／株式会社くもん出版
　　　　〒141-8488
　　　　東京都品川区東五反田2－10－2　東五反田スクエア11F
　　　　☎ 代表　　　03(6836)0301
　　　　　編集直通　03(6836)0317
　　　　　営業直通　03(6836)0305

印刷・製本／株式会社精興社

デザイン／佐藤亜沙美(サトウサンカイ)
カバーイラスト／いつか
本文イラスト／塚越勉・細密画工房(横山伸省)
本文デザイン／岸野祐美(京田クリエーション)

©2021　KUMON PUBLISHING Co.,Ltd. Printed in Japan
ISBN 978-4-7743-3122-5

落丁・乱丁本はおとりかえいたします。
本書を無断で複写・複製・転載・翻訳することは，法律で認められた場合を除き，禁じられています。
購入者以外の第三者による本書のいかなる電子複製も一切認められていませんのでご注意ください。　　　　　　　　　　　CD57519

くもん出版ホームページ　　https://www.kumonshuppan.com/

＊本書は『くもんの中学基礎がため100%　中2理科　第1分野編』を
　改題し，新しい内容を加えて編集しました。

公文式教室では、
随時入会を受けつけています。

KUMONは、一人ひとりの力に合わせた教材で、
日本を含めた世界50を超える国と地域に「学び」を届けています。
自学自習の学習法で「自分でできた!」の自信を育みます。

公文式独自の教材と、経験豊かな指導者の適切な指導で、
お子さまの学力・能力をさらに伸ばします。

お近くの教室や公文式
についてのお問い合わせは

_{ミン ナ ニ ヒャクテン}

0120-372-100

受付時間 9:30〜17:30　月〜金（祝日除く）

都合で教室に通えないお子様のために、
通信学習制度を設けています。

通信学習の資料のご希望や
通信学習についての
お問い合わせは

0120-393-373

受付時間 10:00〜17:00　月〜金（水・祝日除く）

お近くの教室を検索できます　｜ くもんいくもん ｜ （ 検 索 ）

公文式教室の先生になることに
ついてのお問い合わせは

0120-834-414

｜ くもんの先生 ｜ （ 検 索 ）

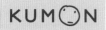 公文教育研究会

公文教育研究会ホームページアドレス
https://www.kumon.ne.jp/

これだけは覚えておこう

中2理科　物質・エネルギー（1分野）

① 炭酸水素ナトリウムの分解

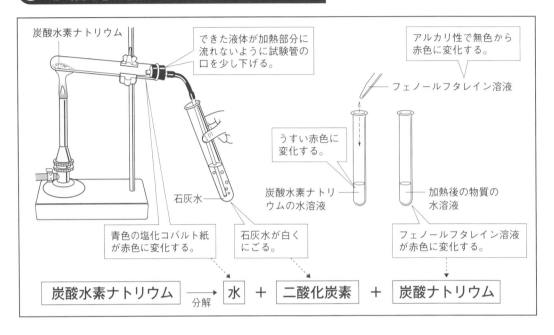

炭酸水素ナトリウム

できた液体が加熱部分に流れないように試験管の口を少し下げる。

アルカリ性で無色から赤色に変化する。

フェノールフタレイン溶液

うすい赤色に変化する。

炭酸水素ナトリウムの水溶液

加熱後の物質の水溶液

青色の塩化コバルト紙が赤色に変化する。

石灰水

石灰水が白くにごる。

フェノールフタレイン溶液が赤色に変化する。

炭酸水素ナトリウム　→（分解）→　水　＋　二酸化炭素　＋　炭酸ナトリウム

② 酸化と還元

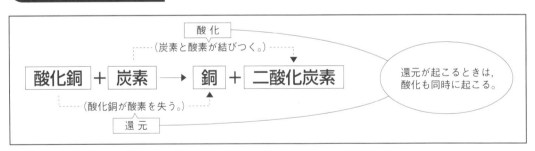

酸　化
（炭素と酸素が結びつく。）

酸化銅　＋　炭素　→　銅　＋　二酸化炭素

（酸化銅が酸素を失う。）

還　元

還元が起こるときは，酸化も同時に起こる。

③ 質量保存の法則

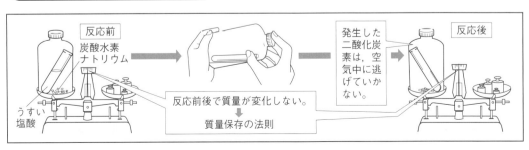

反応前

炭酸水素ナトリウム

うすい塩酸

発生した二酸化炭素は，空気中に逃げていかない。

反応後

反応前後で質量が変化しない。
↓
質量保存の法則

中学基礎がため100%

できた！
中2理科

物質・エネルギー（1分野）

別冊解答書
答えと考え方

・答えの後の（　　）は別の答え方です。
・記述式問題の答えは例を示しています。内容が合っていれば正解です。

KUMON

① (1) 水 (2) 二酸化炭素
(3) 有機物

考え方 (1) 水滴で集気びんの内側がくもる。
(2) 二酸化炭素が発生するので，石灰水が白くにごる。
(3) 燃えて水や二酸化炭素ができる物質は有機物である。

② ①イ ②エ
③ウ ④ア

考え方 ①空気のおもな成分は，窒素と酸素で，体積の割合は，約78%が窒素，約21%が酸素である。

③ (1) 溶質 (2) 溶媒
(3) 濃くならない。

考え方 (3) 水溶液は，物質の粒子が水中に均一に散らばっているので，放置しても，底の方が濃くなることはない。

1章 物質の成り立ち

☑ 基本チェック P.7・P.9・P.11

① (1) 分解
(2) ①熱分解
②電気分解

② (1) 二酸化炭素 (2) 水
(3) 炭酸ナトリウム
(4) 炭酸ナトリウム

考え方 (1) 石灰水を白くにごらせる気体は，二酸化炭素である。
(2) 塩化コバルト紙は，水にふれると赤色(桃色)に変わる。

③ (1) 電流
(2) ①陽極 ②陰極
(3) ①水素 ②酸素
(4) 電気分解

考え方 (1) 純粋な水には電流がほとんど流れないが，水酸化ナトリウムを加え

ると，水酸化ナトリウムがなかだちとなって，電流が流れやすくなる。
(3) 水に電流を流すと，水素と酸素に分解する。水 ⟶ 水素 ＋ 酸素

---

④ (1) 原子 (2) 分子
(3) ①質量 ②大きさ(①②は順不同)
(4) ない
(5) ①元素 ②元素記号 ③周期表

⑤ (1) ①H ②Mg
③Cu ④N
⑤O ⑥Fe
(2) ①H_2O ②H_2
③Fe ④CO_2
(3) ①塩化ナトリウム ②酸化銅
③硫化鉄 ④酸化銀

考え方 (1), (2) アルファベット2文字の元素記号は，2文字目は小文字で書くことに注意する。

---

⑥ ①単体 ②化合物

考え方 水素や酸素などの気体，鉄などの金属は，1種類の元素からできているから単体である。また，水や酸化銅など，2種類以上の元素からできているものは化合物である。

⑦ (1) ア…水素 イ…酸素
ウ…水 エ…二酸化炭素
(2) ア…H_2 イ…O_2
ウ…H_2O エ…CO_2
(3) ア，イ

考え方 (3) 水と二酸化炭素は，2種類以上の元素からできているので，化合物である。

1 (1) 黒色　(2) 銀
(3) 酸素　(4) 分解（熱分解）

考え方 (2)～(4) 酸化銀を加熱すると，銀と酸素に分かれる。このように，1種類の物質が2種類以上の別の物質に分かれる化学変化を，分解という。

2 (1) 電気分解
(2) A…水素
　　B…酸素
(3) 気体が燃える。
(4) 炎を上げて激しく燃える。
(5) 化合物

考え方 (4) 酸素には，ものを燃やすはたらきがあるので，線香は空気中よりも，激しく燃える。

3 (1) 2個　(2) 2個
(3) 水素原子…2個
　　酸素原子…1個
(4) 1種類　(5) 化合物

4 (1) ① O　② Cl　③ C
　　④ H　⑤ Mg　⑥ Cu
(2) ①水　②二酸化炭素
　　③酸化マグネシウム
　　④酸化銅
(3) ① O_2　② H_2O

1 (1) ①水　②割れる
(2) 3種類　(3) 分解（熱分解）
(4) 消える。　(5) 白くにごる。
(6) 塩化コバルト紙
(7) ①炭酸ナトリウム
②とけやすい。
③赤色　④もどらない。

考え方 (1) 試験管の口の部分についた水滴が冷えて加熱部分に流れると，試験管が割れることがあり，危険である。
(7) ③炭酸ナトリウムの水溶液はアルカリ性なので，水溶液にフェノールフタレイン溶液を加えると，赤くなる。
④化学変化によって生じた物質は，もとの物質とは別の物質だから，冷やしても，もとの物質にはもどらない。

2 (1) 炎を上げて激しく燃える。
(2) 銀　(3) ア，エ
(4) ①逆流　②割れる

考え方 酸化銀 ⟶ 銀 ＋ 酸素
(1) 気体Xは酸素である。
(4) 火を先に消すと，試験管Aの内部の気圧が下がり，ビーカーの水が逆流する。

3 (1) Cu, Mg, Fe, Na, Zn
(2) ① FeS　② MgO

考え方 (2) 化合物の化学式では，金属の元素記号を先に書く。

1 (1) 気体名…**水素**　　電極名…**陰極**

　(2) **酸素**　　(3) **＋極**

　(4) **水**　　(5) **化合物**

　(6) **できない。**

　(7) **水に電流を流れやすくするため。**

　(8) **(大量の)水で洗い流す。**

考え方▶(1) 水素は火をつけると，音をたて
て燃える。

(2) 酸素は，ものが燃えるのを助け
るはたらきをする。

(5)，(6) 2種類以上の物質に分解す
ることができる物質を化合物，それ
以上分解できない物質を単体という。

(8) 水酸化ナトリウム水溶液は，皮
膚や衣類をいためるので，扱いに注
意する。

2 **イ，ウ，カ**

考え方▶原子は質量をもち，同じ種類の原子
では，質量や大きさが等しい。異な
る種類の原子は，質量や大きさも異
なる。また，原子は，なくなったり，
新しくできたり，ほかの種類の原子
に変わったりすることはない。物質
の性質を示す最小の粒子は，分子で
ある。

3 **A…加熱による状態変化**

　B…分解

考え方▶Aは，水分子そのものは変わらず，
水分子の集まり方が異なる。Bは，
水分子が分解してできた水素分子と
酸素分子である。

4 (1) **ア…N₂**　**ウ…CO₂**

　(2) **オ…酸化銅**

　　カ…鉄

　(3) **ア，エ**

考え方▶(3) イ，ウ，オは化合物，カは分子
をつくらない物質である。

---

① (1) **化合物**

　(2) **ちがう**　　(3) **硫化銅**

　(4) **①黒**　　**②通さない**

　(5) **水**　　(6) **二酸化炭素**

② (1) **①つく**　　**②つかない**

　(2) **①水素**　　**②硫化水素**

　　③無　　**④無**　　**⑤腐卵**

　(3) **ちがう**　　(4) **熱**

---

③ (1) **化学反応**　　(2) **原子**

　(3) **①反応後**　　**②数**

④ (1) **①S**　　**②FeS**

　(2) **①C**　　**②CO₂**

　(3) **①2**　　**②4**

　(4) **①2**　　**②2**　　**③O₂**

　(5) **①Cu**　　**②Cl₂**

---

1 (1) **引きつけられない。**　　(2) **イ**

　(3) **黒っぽい色(黒色)**

　(4) **ちがう。**　　(5) **硫化鉄**

考え方▶2種類以上の物質が結びついてでき
た化合物は，もとの物質とは性質の
異なる別の物質である。

2 (1) **白くにごる。**

　(2) **物質名…二酸化炭素**

　　化学式…CO₂

3 (1)

	鉄		硫黄		硫化鉄
モデル	●	＋	⊕	⟶	●⊕
化学式	Fe	＋	S	⟶	FeS

　(2) **①化学反応式**　　**②反応前**

　　③反応後　　**④化学式**

　(3) **①O₂**　　**②CO₂**

4 (1) **変化しない。**　　(2) **2個**

　(3) $2H_2 + O_2 \longrightarrow 2H_2O$

1 (1)　熱　　(2)　化合物
　(3)　①硫黄　　②硫化鉄
　(4)　①水素　　②イ

考え方▶(1)　激しく発熱するので，混合物の
　　　　上部を加熱するだけで反応が進む。
　　　　(4)　Aの混合物中の鉄は，塩酸と反
　　　　応して水素を発生し，Bの物質の硫
　　　　化鉄は，塩酸と反応して硫化水素と
　　　　いう腐卵臭のある気体を発生する。

2 (1)　折れる。　　(2)　硫化銅
　(3)　$Cu + S \longrightarrow CuS$

3 (1)　反応前…2 種類
　　　　反応後…1 種類
　(2)　反応前…4 個　　反応後…4 個
　(3)　反応前…2 個　　反応後…2 個
　(4)　反応前…3 個　　反応後…2 個
　(5)　原子の数
　(6)　①⑦…H_2　　④…O_2　　⑦…H_2O
　　　　②⑦…H_2　　④…O_2
　　　　　⑦…$2H_2O$
　　　　③⑦…$2H_2$　　④…O_2
　　　　　⑦…$2H_2O$

考え方▶(2)　$2H_2$は，水素分子が2個のこと
　　　　だから，水素原子の数は，
　　　　$2 \times 2 = 4$〔個〕である。

1 (1)　硫化鉄　　(2)　熱
　(3)　引きつけられない。
　(4)　硫化水素

2 (1)　① $2H_2O$　　② $2H_2$
　(2)　① S　　② FeS
　(3)　① CO_2　　② H_2O（①②は順不同）

3 (1)　青色　から　赤色
　(2)　物質名…水　　化学式…H_2O
　(3)　$2H_2 + O_2 \longrightarrow 2H_2O$

4 (1)　石灰水　　(2)　二酸化炭素
　(3)　① C　　② O_2　　③ CO_2

1 (1)　酸素　　(2)　酸化物
　(3)　大きく　　(4)　酸化鉄
　(5)　燃焼
　(6)　①水素　　②炭素（①②は順不同）
　　　　③水　　④二酸化炭素
　　　　（③④は順不同）
　(7)　①酸化　　②空気（酸素）

2 (1)　還元
　(2)　①還元　　②銅
　　　　③酸化　　④二酸化炭素
　(3)　① Cu　　② CO_2
　(4)　鉄
　(5)　①還元　　②鉄　　③二酸化炭素

3 (1)　熱　　(2)　吸収
　(3)　発熱　　(4)　吸熱
　(5)　反応熱

4 (1)　①鉄　　②酸素　　③熱
　(2)　酸化カルシウム
　(3)　①酸素　　②熱
　(4)　①塩化アンモニウム　　②下
　　　　③アンモニア
　(5)　下
　(6)　炭酸水素ナトリウム

1 (1)　酸化　　(2)　酸化物
　(3)　酸化銅
　(4)　①酸素　　②酸化鉄
　(5)　燃焼

考え方▶(5)　マグネシウムを加熱すると，明
　　　　るい光と熱を出して激しく燃え，酸
　　　　化マグネシウムができる。このよう
　　　　な酸化を，特に燃焼という。

2 (1) 炭素

(2) ①酸化鉄　②二酸化炭素
　　a…酸化　　b…還元

考え方▶(2)　還元は，酸化と同時に起こる。

3 (1)　上がる。　　(2)　酸化鉄

(3)　熱　　(4)　発熱反応

考え方▶(3), (4)　化学かいろは，鉄が酸化す
　　るときに熱が発生する発熱反応を利
　　用したものである。

4 (1)　イ　　(2)　吸収された。

(3)　吸熱反応　　(4)　アンモニア

考え方▶(1)〜(4)　水酸化バリウムと塩化アン
　　モニウムを混ぜると，アンモニアが
　　発生して，温度が下がる。このこと
　　から，この反応は，熱を吸収する吸
　　熱反応であることがわかる。

練習ドリル 🌱　　　　P.34・35

1 (1)　酸化銅　　(2)　ちがう。

(3)　ア

考え方▶(3)　銅が酸素と反応してできた酸化
　　銅の質量は，もとの銅より，反応し
　　た酸素の質量分だけ増えている。

2 (1)　石灰水　　(2)　銅

(3)　① Cu　　　② CO_2
　　a…還元　　b…酸化

3 (1)　二酸化炭素　　(2)　アンモニア

(3)　酸化鉄　　(4)　③

(5)　イ　　(6)　上がる。

(7)　ア

考え方▶(5), (7)　アは熱を発生する反応を，
　　イは熱を吸収する反応を表している。

発展ドリル 🌿　　　　P.36・37

1 (1)　酸化鉄　　(2)　酸素

(3)　A…流れない。　　B…流れる。

2 (1)　燃焼

(2)　MgO

(3)　$2Mg + O_2 \longrightarrow 2MgO$

(4)　CuO

(5)　$2Cu + O_2 \longrightarrow 2CuO$

3 (1)　還元　　(2)　二酸化炭素

(3)　酸化

考え方▶(1)　コークス(炭素)によって，酸化
　　鉄から酸素がうばわれる反応である。

4 (1)　鉄　　(2)　食塩（塩化ナトリウム）

(3)　化学変化がほどよく進むようにす
　　る。

考え方▶(1)　磁石につくのは鉄である。
　　(2), (3)　結晶が立方体なのは食塩で
　　ある。食塩は，化学変化がほどよく
　　進むように加えられたもので，鉄と
　　反応するわけではない。

単元1　化学変化と原子・分子
4章 化学変化と物質の質量

☑ 基本チェック　　　　P.39・P.41

① (1)　増える。　　(2)　酸素

(3)　変わらない。　　(4)　$(b-a)$ g

(5)　硫酸バリウム　　(6)　白色

(7)　$BaSO_4$

(8)　二酸化炭素

(9)　CO_2

(10)　減る。　　(11)　変わらない。

(12)　質量保存の法則　　(13)　種類と数

② (1)　①増え　　②一定

(2)　比例　　(3)　比例

(4)　一定

③ (1)　1.5 g　　(2)　2.5 g

(3)　3 回目

④ (1)　1.0 g　　(2)　0.2 g

(3)　4：1

考え方▶(2)　1.0 g − 0.8 g = 0.2 g
　　(3)　銅：酸素 = 0.8：0.2 = 4：1

1 (1)　ア　　(2)　ウ

(3)　質量保存の法則

考え方 (1)　スチールウールは酸素と反応した分だけ，質量は大きくなる。

(2)　スチールウールが酸化鉄になって質量は増えたが，フラスコ内の酸素が使われただけなので，全体の質量は変わらない。

2 (1)　沈殿ができる。

(2)　硫酸バリウム　　(3)　変わらない。

(4)　種類，数（順不同）

考え方 (1)～(3)　うすい硫酸と水酸化バリウム水溶液を混ぜると，硫酸バリウムという白い沈殿ができるが，反応の前後で，全体の質量は変わらない。

3 (1)　1.0 g　　(2)　3：2

(3)　1.4 g　　(4)　0.4 g　　(5)　4：1

考え方 (1)　2.5 g－1.5 g＝1.0 g

(2)　0.9：0.6＝3：2

(3)　反応する酸素の質量をx〔g〕とすると，2.1：x＝3：2　x＝1.4 g

(4)　2.0 g－1.6 g＝0.4 g

(5)　1.6：0.4＝4：1

4 (1)　2.5 g

(2)　0.5 g

(3)　右の図

(4)　0.25 g

考え方 (1)　グラフから読みとる。

(4)　(3)でかいたグラフから読みとる。または，(1)と(2)の値を使って，比例式をつくって求めてもよい。

2.0：0.5＝1.0：x　x＝0.25 g

1 (1)　変わらない。

(2)　酸化鉄　　(3)　酸素

(4)　ウ

考え方 (1)　ピンチコックを閉じたまま加熱しているから，試験管の中と外で，物質の出入りはない。

(4)　試験管内の空気中の酸素が使われた分だけ，外から空気が入る。

2 (1)　①大きい　　②小さい

③等しい

(2)　質量保存の法則

考え方 (1)　①は，鉄と反応した酸素の分だけ，質量は増える。②は，酸化銀から分解した酸素の分だけ，質量は減る。③は，物質の出入りがない。

3 (1)　ア…0.10

イ…0.15

ウ…0.25

(2)　右の図

(3)　①比例の関係

②一定の質量の割合で反応する。

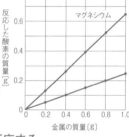

考え方 (3)　①グラフは原点を通る直線になるから，金属の質量と反応する酸素の質量は，比例することがわかる。

②①のように，比例するということは，金属の質量と反応する酸素の質量の割合は，つねに一定であるということである。

4 (1)　マグネシウム…1.6 g

銅…0.6 g

(2)　マグネシウム：酸素＝3：2

銅：酸素＝4：1

考え方 (1)　グラフより，マグネシウム0.6 gから1.0 gの酸化マグネシウムができるから，0.6 gのマグネシウムと反応する酸素は，1.0 g－0.6 g＝0.4 g

よって，求める酸素の質量をx〔g〕
とすると，$2.4 : x = 0.6 : 0.4$

$x = 1.6$ g

　グラフより，銅0.8 gから1.0 gの
酸化銅ができるから，0.8 gの銅と
反応する酸素の質量は，

1.0 g $- 0.8$ g $= 0.2$ g

求める酸素の質量をy〔g〕とすると，

$2.4 : y = 0.8 : 0.2$　　$y = 0.6$ g

(2)　マグネシウム：酸素$= 0.6 : 0.4$
　　$= 3 : 2$

銅：酸素$= 0.8 : 0.2 = 4 : 1$

発展ドリル 🌱　P.46・47

1 (1)　変わらない。

(2)　等しくなっている。(同じになって
いる。)

(3)　質量保存の法則

(4)　減る。

(5)　発生した気体(二酸化炭素)が外へ逃
げるから。

考え方 (1)，(2)　塩酸と石灰石を反応させる
と二酸化炭素が発生するが，容器に
ふたがしてあるので，反応の前後で
物質全体の質量は変わらない。

(4)，(5)　発生した二酸化炭素は，容
器の中に充満(じゅうまん)しているので，ふたを
ゆるめると，容器の外に出ていく。
このため，反応前より軽くなる。

2 (1)　5.5 g

(2)　0.3 g　　(3)　4.4 g

考え方 化学変化の前後で，物質全体の質量
は変わらない。

(1)　3.5 g $+ 2.0$ g $= 5.5$ g

(2)　120.0 g $+ 10.0$ g $- 129.7$ g
　　$= 0.3$ g

3 (1)　1.6 g

(2)　3 : 2

(3)　1.2 g　　(4)　7.0 g

考え方 (2)　(1)より，$2.4 : 1.6 = 3 : 2$

(3)　反応する酸素の質量をx〔g〕と
すると，$1.8 : x = 3 : 2$　　$x = 1.2$ g

(4)　$4.2 : x = 3 : 2$　　$x = 2.8$ g
　　4.2 g $+ 2.8$ g $= 7.0$ g

4 (1)　3.5 g

(2)　① 1.2 g　　② 0.15 g

(3)　4 : 1

考え方 (1)　グラフより，銅0.8 gのとき，
酸化銅が1.0 gできる。求める酸化
銅の質量をx〔g〕とすると，

$0.8 : 1.0 = 2.8 : x$　　$x = 3.5$ g

(2)　まず，銅0.8 gと反応する酸素
の質量を求める。1.0 g $- 0.8$ g $=$
0.2 gより，銅0.8 gと酸素0.2 gが反
応することがわかる。次に，①，②
の銅と反応する酸素の質量をx〔g〕
とすると，

①　$4.8 : x = 0.8 : 0.2$　　$x = 1.2$ g

②　$0.6 : x = 0.8 : 0.2$

　　　　$x = 0.15$ g

まとめのドリル　① P.48・49

1 (1)　黒色　→　白色

(2)　酸化銀…流れない。

物質X…流れる。

(3)　物質名…銀　　化学式…Ag

(4)　(線香が)炎(ほのお)を上げて燃える。

(5)　物質名…酸素　　化学式…O_2

(6)　分解(熱分解)

2 (1)　引きつけられない。

(2)　硫化鉄(りゅうかてつ)　　(3)　発生しない。

3 (1)　燃焼　　(2)　イ

(3)　①酸素　　②酸化鉄

(4)　A　　(5)　H_2

4 (1)　3 回目　　(2)　12.5 g

(3)　比

考え方 (1) 4回目の加熱後の質量は，3回目の加熱後の質量と等しいから，3回目の加熱によって，完全に酸化したといえる。

(2) 金属の質量と反応する酸素の質量は比例する。したがって，金属の質量とその酸化物の質量も比例する。グラフより，銅2.0gから2.5gの酸化銅ができることがわかるから，求める酸化銅の質量をx〔g〕とすると，

10.0 : x = 2.0 : 2.5　x = 12.5g

(3) 2種類の物質が反応して化合物をつくるとき，それぞれの質量の割合(比)は，つねに一定である。

まとめ**の**ドリル　② P.50・51

1 (1) つく。　　(2) つかない。

(3) 酸素　　(4) 発熱反応

2 (1) ①イ　　②エ

(2) $2H_2 + O_2 \longrightarrow 2H_2O$

考え方 (1) ②化学反応式の左辺と右辺では，原子の数は等しい。

3 (1) 酸化銅　　(2) 酸素

(3) 酸化

(4) $2Cu + O_2 \longrightarrow 2CuO$

考え方 (1) 銅は加熱すると，黒色の酸化銅になる。

(4) 銅原子2個と酸素分子1個が反応して，酸化銅2個ができる。反応の前後で，原子の種類や数は変わらない。

4 (1) 水酸化ナトリウム

(2) (音を立てて)気体が燃える。

(3) 化合物

考え方 (2) 酸素はほかの物質が燃えるのを助けるが，水素は水素自体が燃える。

5 ①$Fe + S \longrightarrow FeS$

②$2Cu + O_2 \longrightarrow 2CuO$

定期テスト**対策**問題(1) P.52・53

1 (1) 白くにごった。

(2) 二酸化炭素　　(3) ウ

(4) 青色　から　赤(桃)色　　(5) 水

(6) ①炭酸ナトリウム　　②赤色

(7) 液体(水)が加熱部に流れて，試験管が割れるのを防ぐため。

(8) 分解

考え方 (1), (2) 二酸化炭素は，石灰水を白くにごらせる性質がある。

(3) アで発生するのは水素，イで発生するのは酸素，エで発生するのは水素である。

(4), (5) 青色の塩化コバルト紙は，水につくと，赤色に変わる。

2 (1) 上がる。　　(2) 酸素

(3) 増えている。

考え方 (1) スチールウール(鉄)の燃焼によって，集気びん内の酸素は，鉄と反応したため，水位が上がった。

3 (1) 燃焼　　(2) 3 : 2

(3) 1.6g

(4) 3.0g

考え方 (2) 0.6gのマグネシウムから，1.0gの酸化マグネシウムができているので，マグネシウムと反応した酸素は，1.0g－0.6g＝0.4g

したがって，マグネシウム : 酸素＝0.6 : 0.4 = 3 : 2

(3) 2.4gのマグネシウムと反応する酸素をx〔g〕とすると，

3 : 2 = 2.4 : x　x = 1.6g

1
- (1) 赤色→黒色
- (2) 物質名…酸化銅
  化学式…CuO
- (3) 右の図
- (4) 2.5 g
- (5) 0.5 g
- (6) 4 ： 1
- (7) 4 倍

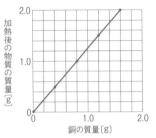

縦軸：加熱後の物質の質量〔g〕
横軸：銅の質量〔g〕

2
- (1) 減っている。
- (2) CO_2
- (3) 青色リトマス紙が赤色に変わる。
- (4) H_2O
- (5) ①水素　　②酸素
- (6) 炭素

考え方 (1) 酸化銅から酸素がうばわれて銅になったので，うばわれた酸素の分だけ，質量が減っている。
(2)，(3) 二酸化炭素が発生して水にとけ，炭酸水になる。炭酸水は酸性を示す。
(6) 水素と炭素は，ともに酸化銅から酸素をうばいとっている。

3
- (1) CO_2
- (2) ① $2H_2O$　　② $2H_2$
- (3) O_2
- (4) ① S　　② FeS

1
- (1) 変わらない。
- (2) （電流は）流れない。
- (3) （質量は）増えている。
- (4) 酸化マグネシウム
- (5) $2Mg + O_2 \longrightarrow 2MgO$

2
- (1) 上がっている。
- (2) O_2
- (3) ア　　(4) B

考え方 (1)，(2) ろうそくの火をペットボトルに入れると，すぐに消えたことから，化学かいろが発熱するときに酸素が使われて，ペットボトル内の水位は上がったと考えられる。
(3)，(4) Cではやけどするほどに熱くなったので，鉄の酸化が速く進んでいると考えられる。酸化する鉄の量はB，Cともに同じなので，Bの方が長く発熱する。このように，手でふれると温かい程度に発熱するのは，内袋によってほどよく鉄が酸化しているからである。内袋からとり出してしまうと，鉄は多くの酸素とふれて，酸化が速く進み，熱くなりすぎてしまう。

3
- (1) 電流を流れやすくするため。
- (2) 陰極
- (3) 一極
- (4) 酸素
- (5) $2H_2O \longrightarrow 2H_2 + O_2$
- (6) （大量の）水で洗い流す。

考え方 (2) 水を電気分解すると，陽極に酸素，陰極に水素が発生する。発生する体積比は，水素：酸素＝2：1なので，気体Aは水素，気体Bは酸素になり，電極Xは陰極になる。

復習ドリル（小学校で学習した「電流」）　P.59

1 (1)　回路　　(2)　電流
　　(3)　電流（電流の向き）　　(4)　イ

考え方　(3)　電流は乾電池の＋極から出て，
　　豆電球を通って，乾電池の－極へ流
　　れる。
　　(4)　乾電池の向きを反対にすると，
　　＋極と－極も反対になるので，電流
　　の向きも反対になる。

2 (1)　B…並列つなぎ
　　　　C…直列つなぎ
　　(2)　ウ　　(3)　ア

考え方　(2)　乾電池を並列につないだときの
　　豆電球の明るさは，乾電池１個のと
　　きと変わらない。
　　(3)　乾電池を直列につないだときの
　　豆電球の明るさは，乾電池１個のと
　　きよりも明るくなる。

単元2　電流と電圧
5章 電流の正体

☑ 基本チェック　　P.61・P.63

① (1)　静電気
　　(2)　①＋　　②－　　（①②は順不同）
　　(3)　①しりぞけ　　②引き
　　(4)　①－　　②電子
　　(5)　①電流　　②放電

② (1)　同じ種類　　(2)　＋
　　(3)　しりぞけ合う。　　(4)　引き合う。

③ (1)　真空放電
　　(2)　誘導コイル

---

④ (1)　電子
　　(2)　①－　　②＋
　　　　③＋　　④－
　　(3)　①電子　　②＋
　　(4)　陰極線（電子線）
　　(5)　＋

⑤ (1)　①放射性物質　　②放射能
　　(2)　β線
　　(3)　①透過性　　②α線
　　(4)　CT

基本ドリル ☙　　P.64・65

1 (1)　静電気　　(2)　－の電気
　　(3)　しりぞけ合う。　　(4)　電気の力

考え方　(2)　異なる種類の物体をこすり合わ
　　せると，－の電気をもった電子が，
　　一方の物体からもう一方の物体に移
　　動する。このため，それぞれの物体
　　は，＋と－の異なる電気を帯びる。

2 (1)　－極
　　(2)　できない。
　　(3)　蛍光灯

3 ①－　　②電子
　　③－　　④＋

考え方　陰極線は，－極から＋極に向けて飛
　　び出した電子が，蛍光板に当たって
　　光って見えるものである。

4 (1)　電子
　　(2)　B
　　(3)　イ
　　(4)　イ→ア

考え方　(3)，(4)　電子の流れの向きは－極か
　　ら＋極，電流の向きは＋極から－極
　　である。

5 (1)　放射性物質
　　(2)　放射能
　　(3)　透過性
　　(4)　X線

6 (1)　ア，エ，オ
　　(2)　イ，ウ，カ

考え方　放射線の透過性を利用したものとし
　　て，X線検査やCTなどがある。ま
　　た，放射線の細胞を死滅させる性質
　　を利用したものとして，放射線治療
　　や発芽防止などがある。

1 (1)　しりぞけ合う力　　(2)　同じ。
　　(3)　引き合う力　　(4)　ちがう。

考え方▶(1), (2)　ひもが重力に逆らって, ポリ塩化ビニルの管の上に浮いていることから, ひもと管は同じ種類の電気を帯びていてしりぞけ合っている。
　　(3)　こすった2種類の物体の間で, －の電気をもつ電子の移動があるので, ポリエチレンのひもとティッシュペーパーは異なる種類の電気を帯びていて引き合う。

2 (1)　電子　　(2)　A
　　(3)　＋極

考え方▶(3)　電子は－の電気をもっているので, ＋極に引かれて曲がる。

1 (1)　静電気　　(2)　電流
　　(3)　放電

考え方▶(1)　摩擦によって生じる電気を静電気という。
　　(3)　雷も自然界で起きる放電現象である。

2 (1)　電子
　　(2)　X　　(3)　A
　　(4)　イ　　(5)　エ

考え方▶(5)　金属の中の電子は, 電圧を加えていない状態では, 自由に動き回っている。

☑ 基本チェック　　　　　P.69・P.71

① (1)　回路
　　(2)　①＋　　②－
　　(3)　回路図
　　(4)　①直列　　②直列
　　(5)　①並列　　②並列
　　(6)　①電流計　　②抵抗器
　　　　③電池（電源）　　④ —／—
　　　　⑤Ⓥ　　⑥Ⓧ

② (1)　直列につなぐ。
　　(2)　並列につなぐ。
　　(3)　最大の値のもの

---

③ (1)　ウ　　(2)　ア

考え方▶(1)　直列回路では, 回路の各点に流れる電流の大きさはすべて等しい。
　　(2)　直列回路では, 回路の各抵抗に加わる電圧の大きさの和が, 回路全体の電圧の大きさに等しくなる。

④ (1)　イ　　(2)　ア

考え方▶(1)　抵抗器aに流れる電流と抵抗器bに流れる電流の和は, 電源から流れ出る電流に等しい。
　　(2)　並列回路の各抵抗に加わる電圧は, 電源の電圧に等しい。

1 (1)　A…直列回路
　　　　B…並列回路

　(2)　A…つかない。
　　　　B…つく。

考え方 (2)　直列回路では，１つの豆電球を
はずすと，もう１つの豆電球は消え
る。並列回路では，１つの豆電球を
はずしても，もう１つの豆電球はつ
いている。

2 (1)　抵抗器ア…300mA
　　　　Ｂ点…300mA
　　　　抵抗器イ…300mA
　　　　Ｃ点…300mA

　(2)　3.0V（3V）

考え方 (1)　直列回路を流れる電流の大きさ
は，抵抗器を通った後も，小さく
なったりしない。

3 (1)　① 8.0V　　② 2.0A
　　　　③ 12.0V

　(2)　6.5V

考え方 (1)　①ＡＣ間の電圧は，ＡＢ間と
ＢＣ間の電圧の和である。
　　　③　電源の電圧は，ＡＢ間，ＢＣ間，
ＣＤ間の電圧の和である。
　　　(2)　ＰＱ間とＱＲ間の電圧の和が電
源の電圧になることから，ＱＲ間の
電圧は，電源の電圧から，ＰＱ間の
電圧を引くと求められる。

4 (1)　①Ｄ点…0.1A
　　　　　Ｅ点…0.2A
　　　　②Ａ点…0.3A
　　　　　Ｆ点…0.3A

　(2)　①Ｂ点…0.4A
　　　　　Ｃ点…0.6A
　　　　　Ｅ点…0.6A
　　　　② 1.0A

　(3)　① 3.0V　　② 3.0V
　　　　③ 3.0V

考え方 (1)　①Ｂ点からＤ点まで枝分かれし
ていないので，Ｂ点とＤ点の電流の
大きさは等しい。
　　　②Ｂ点とＣ点の電流の和は，Ａ点と
Ｆ点を流れる電流に等しい。
　　　(3)　並列回路では，電源の電圧と枝
分かれした各抵抗に加わる電圧は等
しい。

1 (1)　下の図

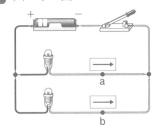

　(2)　下の図

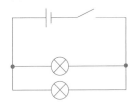

　(3)　並列回路　　　(4)　つく。

考え方 (1)　電池の＋極，－極を確かめる。
　　　(3)　豆電球の並列つなぎになってい
る。

2 (1)　直列つなぎ

　(2)　a…－端子　　　b…＋端子

　(3)　250mA

考え方 (1)　電流の流れる道筋が１本につな
がっているか，枝分かれしているか
を考える。
　　　(2)　電源の＋極側が＋端子，－極側
が－端子である。
　　　(3)　－端子が5Aなら2.50A，50mA
なら25.0mAである。

3 (1) a…－端子　b…＋端子

(2) 下の図

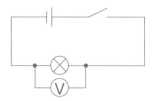

(3) 1.80V

考え方 (1) 電源の＋極側に＋端子，－極側
に－端子をそれぞれつなぐ。

(3) －端子が300Vなら180V，15V
なら9.0Vである。

4 (1) R₁…6.0V

R₂…6.0V

R₃…6.0V

(2) 0.6A

考え方 (2) 並列回路の各点を流れる電流の
和は，電源から流れ出る電流に等し
い。

練習ドリル 🌱　②P.76・77

1 (1) A点…2.0A

B点…2.0A

C点…2.0A

D点…2.0A

(2) 回路全体を流れる電流の大きさと，
各豆電球に流れる電流の大きさは等し
い。

考え方 (1) 直列回路では，回路の各点を流
れる電流の大きさは等しい。

2 (1) A点…0.3A　B点…0.9A

(2) 回路全体を流れる電流の大きさは，
各豆電球に流れる電流の和に等しい。

考え方 (1) 並列回路では，枝分かれした後
の各点に流れる電流の和は，枝分か
れする前の電流に等しい。

3 (1) 回路全体に加わる電圧の大きさは，
各豆電球に加わる電圧の和に等しい。

(2) ＢＤ間…3.0V

ＡＤ間…4.5V

考え方 (2) ＢＤ間の電圧は，電圧計Ⅱ，Ⅲ
の示す電圧の和である。ＡＤ間の電
圧は，電圧計Ⅳの示す電圧である。

4 (1) ＣＦ間…1.5V

ＤＧ間…1.5V

ＡＨ間…1.5V

電源…1.5V

(2) 回路全体に加わる電圧の大きさと，
各豆電球に加わる電圧の大きさは等し
い。

発展ドリル 🌱　P.78・79

1 (1) X　(2) Y

(3) 3.50A

考え方 (1) 並列回路全体の電流をはかるに
は，枝分かれする前か，合流した後
の流れる道筋が，1つになっている
ところに，電流計をつなぐ。

2 (1) 電流…0.8A

電圧…6.4V

(2) 0.4A　(3) 12.0V

考え方 (1) 電源の電圧から，抵抗器イに加
わる電圧を引くと，抵抗器アに加わ
る電圧が求められる。

3 (1) 並列回路

(2) a

考え方 (1) 電流の流れる道筋が枝分かれし
ているつなぎ方を並列つなぎといい，
この回路を並列回路という。

(2) 電圧計は回路に並列につなぎ，
＋端子は電源の＋極側，－端子は電
源の－極側につなぐ。

4 (1) A点…1.2A

B点…0.3A

C点…0.9A

(2) 9.0V

(3) 0.4A　(4) 12.0V

考え方 (1) 枝分かれした電流の和は，枝分
かれする前の電流計Ⅱを流れる電流
と，合流した後のA点を流れる電流

に，それぞれ等しい。

(3) 電流計Ⅲの電流の値から電流計Ⅳの電流の値を引くと，E点を流れる電流の大きさが求められる。

(4) 各抵抗器に加わる電圧と，電源の電圧は等しい。

単元2　電流と電圧

7章 電流・電圧と抵抗

☑ 基本チェック
P.81・P.83

① (1)　オーム　　(2)　抵抗

(3)　①Ω　　②オーム

(4)　1000

(5)　①導体　　②不導体(絶縁体)

② (1)　①抵抗　　②電流

③電圧　　④抵抗

⑤電圧　　⑥電流

(2)　1 Ω

(3)　式… 10 Ω × 0.3 A = 3 V

答え… 3V

(4)　式… $\dfrac{3 \text{ V}}{10 \text{ Ω}}$ = 0.3 A

答え… 0.3A

(5)　式… $\dfrac{3 \text{ V}}{0.3 \text{ A}}$ = 10 Ω

答え…10 Ω

③ (1)　①成り立つ　　②電流

③和　　④和

(2)　12 Ω

(3)　45 Ω

(4)　50 Ω

考え方 (2)　5Ω＋7Ω＝12Ω

(3)　15Ω＋10Ω＋20Ω＝45Ω

④ (1)　成り立つ　　(2)　和

(3)　電圧　　(4)　小さ

⑤ (1)　6 V　　(2)　0.5 A

(3)　1 A　　(4)　1.5 A

(5)　4 Ω

考え方 (2)　$\dfrac{6 \text{ V}}{12 \text{ Ω}}$＝0.5 A

(4)　0.5 A ＋ 1 A ＝ 1.5 A

(5)　$\dfrac{6 \text{ V}}{1.5 \text{ A}}$＝4 Ω

基本ドリル ❤
P.84・85

1 (1)　① 3 V　　② 6 V

③ 2 V　　④ 70 V

(2)　① 2 A　　② 0.5 A

③ 0.2 A　　④ 0.24 A

(3)　① 6 Ω　　② 24 Ω

③ 25 Ω　　④ 5.5 Ω

考え方 (1)　①オームの法則 $V=RI$ より，

$V=3Ω×1A=3 V$

(2), (3)　オームの法則 $V=RI$ を完全に覚えられたら，電流 I や抵抗 R の値を求めるときは，$V=RI$ の式を，$I=\dfrac{V}{R}$，$R=\dfrac{V}{I}$ のように変形してから計算すると，計算が効率的にできる。

2 (1)　10　　(2)　20

(3)　① 9　　② 0.3　　③ 30

(4)　① 10　　② 20　　③和

3 (1)　30

(2)　① 6　　② 0.3　　③ 20

(3)　① 6　　② 0.5　　③ 12

(4)　① 30　　② 20　　③小さく

(5)　① R_1　　② R_2

練習ドリル ✦
P.86・87

1 (1)　①比例　　②反比例

(2)　①小さく　　②導体

③大きく　　④不導体(絶縁体)

2 (1)　0.35A　　(2)　3.5V

(3)　120mA　　(4)　8 Ω

考え方 (1)　1mA＝$\dfrac{1}{1000}$ A だから，

$\dfrac{350}{1000}$ A＝0.35 A

(2)　オームの法則の公式では，電流 I の単位は A であるから，mA で示された値は，A の単位に直してから公式に代入する。10Ω×0.35A＝3.5V

(3) $V=RI$ より，$I=\dfrac{V}{R}=\dfrac{6.0V}{50\Omega}$

        $=0.12A\Rightarrow120mA$

3 (1) ① 30 Ω   ② 0.5A

    ③ 2.0 V

(2) ① 15 Ω   ② 10 Ω

(3) ① 15 Ω   ② 40 Ω   ③ 25 Ω

(4) ① 15 Ω   ② 6 Ω

(5) ① 1.2A   ② 0.3A

    ③ 20 Ω   ④ 4 Ω

考え方 (1) ②回路全体の電圧は15.0V，回路全体の抵抗(ていこう)は30Ωだから，オームの法則 $I=\dfrac{V}{R}$ より，$\dfrac{15.0V}{30\Omega}=0.5A$

③4 Ω の抵抗に0.5Aの電流が流れるから，$V=RI$ より，

$4\Omega\times0.5A=2.0V$

(2) ①回路全体の電圧は6.0V，電流は0.4Aだから，

$R=\dfrac{V}{I}=\dfrac{6.0V}{0.4A}=15\Omega$

②$15\Omega-5\Omega=10\Omega$

(5) ①$I=\dfrac{V}{R}=\dfrac{6.0V}{5\Omega}=1.2A$

②$1.5A-1.2A=0.3A$

④電圧は6.0V，電流は1.5Aだから，

$\dfrac{6.0V}{1.5A}=4\Omega$

発展ドリル 🌱 P.88・89

1 (1) 下の図

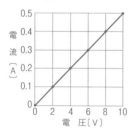

(2) 比例の関係

(3) ① 0.15A   ② 0.45A

(4) 抵抗の大きさ（抵抗，電気抵抗）

(5) 20 Ω

考え方 (3) それぞれ，電流を x〔A〕とすると，

①$2.0:3.0=0.10:x$ $x=0.15A$

②$2.0:9.0=0.10:x$ $x=0.45A$

2 (1) P…10 Ω   Q…30 Ω

(2) P…9V   Q…27V

考え方 (1) グラフから，電圧が6Vのとき，Pに流れる電流は0.6A，Qに流れる電流は0.2Aである。オームの法則 $V=RI$ より，Pの抵抗は，

$R=\dfrac{V}{I}=\dfrac{6V}{0.6A}=10\Omega$

Qの抵抗は，$R=\dfrac{6V}{0.2A}=30\Omega$

(2) (1)で求めた抵抗の値を使って，

$V=RI=10\Omega\times0.9A=9V$

Qの電圧は，$30\Omega\times0.9A=27V$

〔別解〕 電圧と電流は比例するから，比例式を使って求めてもよい。

Pの電圧を x〔V〕とすると，

$6:x=0.6:0.9$ $x=9V$

Qの電圧を y〔V〕とすると，

$6:y=0.2:0.9$ $y=27V$

3 (1) ① 50 Ω   ② 30 Ω

(2) ① 5.4V   ② 0.9A

    ③ 10 Ω   ④ 4 Ω

(3) ① 12 Ω   ② 4 Ω

    ③ 3 Ω

(4) ① 12.0V   ② 0.2A

    ③ 0.5A   ④ 24 Ω

考え方 (1) ①$\dfrac{10.0V}{0.2A}=50\Omega$

②$50\Omega-20\Omega=30\Omega$

(2) ①$9V-3.6V=5.4V$

②$\dfrac{5.4V}{6\Omega}=0.9A$

③回路全体の電圧は9.0V，電流は0.9Aだから，$\dfrac{9.0V}{0.9A}=10\Omega$

(3) ①$\dfrac{6.0V}{(2.0-1.5)A}=12\Omega$

(4) ②$\dfrac{12.0V}{60\Omega}=0.2A$

③抵抗器キを流れる電流は，

$\dfrac{12.0V}{40\Omega}=0.3A$

抵抗器カ，キを流れる電流の和は，

$0.2A+0.3A=0.5A$

④回路全体の抵抗は，

$\dfrac{12.0V}{0.5A}=24\Omega$

❶(1)　静電気　　(2)　同じ。
(3)　引き合う。

考え方(1)　2種類の物質をこすり合わせた
ときに生じる電気を静電気という。
(3)　ストローとナイロン布をこすり
合わせたときに，電子の移動があっ
たので，この2つの物質は，異なる
種類の電気を帯びている。したがっ
て，ストローとナイロン布は引き合
う。

❷(1)　Ⓥ_1…2.5V　　Ⓥ_2…7.5V
(2)　10.0V
(3)　40Ω　　(4)　3.0V

考え方(2)　Ⓥ_3の電圧は，Ⓥ_1の電圧とⓋ_2の
電圧の和である。
(3)　直列回路の全体の抵抗は，各抵
抗の和になることから，
$10Ω＋30Ω＝40Ω$
(4)　回路全体の抵抗は40Ωだから，
電源の電圧が12.0Vのとき，回路の
電流は，$I＝\dfrac{V}{R}＝\dfrac{12.0V}{40Ω}＝0.3A$
したがって，10Ωの抵抗器に加わる
電圧は，
$V＝RI＝10Ω×0.3A＝3.0V$

❸(1)　陰極線(電子線)　　(2)　イ
(3)　イ

考え方(2)　明るい線(陰極線)は電子の流れ
であり，電子は－の電気をもち，－
極から＋極に流れている。
(3)　陰極線は－の電気をもっている
ので，＋極のCの方に曲がる。

❹(1)　12Ω　　(2)　2.0V
(3)　4.0V　　(4)　10Ω

考え方(1)　$R＝\dfrac{V}{I}＝\dfrac{6.0V}{0.5A}＝12Ω$
(3)　抵抗器アに加わる電圧が2.0V
で，並列つなぎの各抵抗に加わる電
圧は等しいことから，
$6.0V－2.0V＝4.0V$

❶(1)　直列回路
(2)　下の図

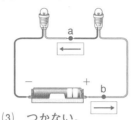

(3)　つかない。
(4)　下の図

考え方(2)　電流は電源の＋極から出て，－
極に向かって流れる。
(3)　直列回路の豆電球をはずすと，
電流の流れる道筋がとぎれてしまう
ので，もう一方の豆電球も消えてし
まう。

❷(1)　1.0V　　(2)　0.2A
(3)　7Ω　　(4)　15Ω
(5)　4.5V

考え方(1)　$3.0V－(1.4＋0.6)V＝1.0V$
(2)　抵抗器イを流れる電流を求めれ
ば，その値がa点の電流と等しい。
(5)　回路全体の抵抗は15Ωだから，
$V＝RI＝15Ω×0.3A＝4.5V$

❸(1)　X…電圧計　　Y…電流計
(2)　b…＋端子　　c…－端子
(3)　電流…350mA　　電圧…1.40V

考え方(1)　それぞれの計器が回路に対して
直列，並列のどちらのつなぎ方に
なっているかで判断する。
(2)　電源の＋極，－極から，導線を
指でたどっていくとわかりやすい。

❹(1)　0.30A　　(2)　4.5V
(3)　ア…10Ω　　イ…15Ω
(4)　4.5V　　(5)　6Ω

1 (1) 静電気

(2) ちがう。

考え方 (2) 髪の毛が下じきに引きつけられていることから，髪の毛と下じきの電気の種類は，異なると考えられる。

2 (1) a…イ　　b…ウ

　　c…ア　　d…イ

(2) 0.35A

(3) 比例の関係

(4) 20Ω

考え方 (1) 電流計は回路に直列に，電圧計は並列につなぐ。また，＋端子は電源の＋極側に，－端子は電源の－極側にそれぞれつなぐ。

(2) 何Aかという問いなので，〔mA〕でなく〔A〕で答える。

3 (1) 0.2A　(2) 5.0V

(3) 12.0V　(4) 1.0A　(5) 12Ω

考え方 (2) 電源の電圧は，$V=RI$ で求められる。直列回路全体の抵抗は，各抵抗の和に等しいので，

10Ω＋15Ω＝25Ω

25Ω×0.2A＝5.0V

(3) 並列回路では，各抵抗に加わる電圧は，電源の電圧に等しい。

(4) まず，20Ω，30Ωの抵抗器に流れる電流を求める。$I=\dfrac{V}{R}$ より，20Ωの抵抗器に流れる電流は0.6A，30Ωの抵抗器に流れる電流は0.4Aである。並列回路全体の電流は，枝分かれした各部分の電流の和に等しいので，0.6A＋0.4A＝1.0A

4 (1) Q

(2) 3V

(3) 9V

(4) 0.6A

(5) 右の図

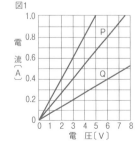

図1

考え方 (1) グラフより，同じ値の電圧を加えたとき，流れる電流はQの方がPよりも少ない。

(2) 図1のPのグラフで，電流が0.4A流れるときの電圧の値を読みとると，3Vである。

(3) 図2は直列回路なので，Qにも0.4Aの電流が流れる。図1より，Qに0.4Aの電流が流れるときの電圧は6Vである。よって，電源の電圧は，3V＋6V＝9V

(4) 図1のグラフより，電圧が3Vのとき，Pには0.4Aの電流が流れ，Qには0.2Aの電流が流れるから，電流計には，0.6Aの電流が流れる。

(5) 各電圧におけるPを流れる電流とQを流れる電流の和が，電流計$Ⓐ_2$を流れる電流である。

1 (1) 陰極線（電子線）　(2) 電子

(3) B　(4) C　(5) －の電気

考え方 (1)，(2) 陰極線は電子の流れである。

(3) 陰極線は－極から＋極に向かって流れるので，＋極はBである。

(4)，(5) 電子は－の電気をもっているので，＋極の方に曲がる。

2 (1) 電子　(2) －

(3) 図2　(4) D　(5) ウ

考え方 (3) 金属線に電圧を加えると，電子は一定の方向に移動する。

(4) 電子は，－極から＋極側に向かって移動する。

(5) 電流の流れる向きは，電子の移動する向きとは逆になる。

3 (1) 1.0A　(2) 5.0V　(3) 15.0V

(4) 1.0A　(5) 3Ω　(6) 小さい。

考え方 (1) 直列回路を流れる電流の大きさは，どの点も等しい。

(3) 抵抗器イに加わる電圧は，

$10Ω×1.0A=10.0V$

$5.0V+10.0V=15.0V$

(5) 抵抗器イを流れる電流は，

$4.0A−1.0A=3.0A$

$\dfrac{9.0V}{3.0A}=3Ω$

4 (1) 下の図

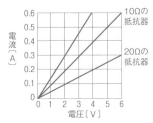

(2) 8.0V

(3) C→A→B→D

考え方 (2) $\dfrac{12.0V}{(10+20)Ω}=0.4A$

$20Ω×0.4A=8.0V$

(3) 例えば，電源の電圧を30Vとして，A～Dの各点を流れる電流の大きさを考える。

復習ドリル （小学校で学習した「電流のはたらき」「電磁石」） P.99

1 ウ

考え方 電熱線に電流を流したとき，発泡ポリスチレンの棒が切れたことから，電熱線が発熱したことがわかる。

2 ①光　②音　③熱

3 イ，エ

考え方 電流を大きくすると，電磁石は強くなる。また，導線の巻数を多くすると，電磁石は強くなる。

単元3 電流のはたらき

8章 電気エネルギー

☑ 基本チェック　P.101・P.103

1 (1) 電力

(2) W

(3) 1W

(4) $P=V×I$

(5) 大きくなる。

(6) 1000W

2 (1) 電力量

(2) 1J

(3) 1Wh

(4) 3600J

(5) 1kWh

(6) $W=P×t$

(7) 大きくなる。

(8) 300000J

考え方 (8) $1000W×(60×5)s=300000J$

---

3 (1) ①発熱　②上昇　③発熱量

(2) 電流を流した時間

(3) 電力

(4) ①電力　②時間

(5) ①J　②ジュール

(6) ①1　②1

(7) ①Q　②P

(8) 1

(9) 4.2

4 (1) 直流（直流電流）

(2) 交流（交流電流）

(3) ①直流　②交流

(4) ①周波数　② Hz　③ヘルツ

(5) ① 60Hz　② 50Hz

(6) ①直流　②交流

19

基本ドリル 🌱　P.104・105

1 (1) ① 8W　② 350W
　　　③ 1.2kW
　(2) ① 900J　② 36000J
　　　③ 13500J
　(3) ① 40Wh　② 400Wh
　　　③ 8kWh

考え方 電力は電流と電圧の積，電力量は電力と時間の積である。

2 (1) 400W
　(2) 4A
　(3) 8000J
　(4) 800Wh
　(5) 12kWh

考え方 (3) 400W×20s＝8000 J
　(4) 400W×2h＝800Wh
　(5) 400W×(3×10)h＝12000Wh
　　　＝12kWh

3 (1) 1J
　(2) 9000J
　(3) 7200J

考え方 (2) 30W×(60×5)s＝9000 J
　(3) 2W×(60×60)s＝7200 J

4 (1) 2A
　(2) 20W
　(3) 20J
　(4) 12000J
　(5) 29℃

考え方 (5) $\dfrac{12000J}{100\,g \times 4.2\,J/g\cdot℃}=28.5\cdots℃$

5 (1) A…直流　B…交流
　(2) 交流
　(3) 周波数

考え方 直流は電流の向きが一定であり，交流は電流の向きが周期的に変化する。

練習ドリル 🌱　P.106・107

1 (1) 12W
　(2) 10A
　(3) 60000J

---

　(4) 2000Wh
　(5) 5kWh

考え方 (3) 1000W×60s＝60000 J
　(4) 1000W×2h＝2000Wh
　(5) 1000W×(0.5×10)h＝5000Wh
　　　＝5kWh

2 (1) 420J　(2) 100cal
　(3) 大きくなる。(2倍になる。)

考え方 (2) 1：4.2＝x〔cal〕：420
　x＝100cal
　(3) 電力の値が大きいものほど，そのはたらきも大きくなる。

3 (1) A…5400J　B…2700J
　　　C…1800J
　(2) 下の図

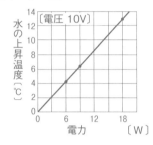

　(3) 電力

4 (1) 変わらない。
　(2) 変わる。
　(3) 点滅する。
　(4) 交流
　(5) 直流

考え方 (3) 交流は電流の流れる向きが周期的に変わるので，発光ダイオードは点灯したり，消えたりする。

発展ドリル 🌱　P.108・109

1 (1) 2980W
　(2) 電気器具…ドライヤー
　　　熱量…120000J

考え方 (1) それぞれの電力の和を求める。
　(2) 1200W × 100s ＝ 120000J

2 (1) 0.6A
　(2) 1.2A

(3) 1.8A

(4) テレビ

(5) 600Wh

> **考え方** (4) 消費する電力量は，電力が大きい方が大きくなる。
>
> (5) 60W×6h＋120W×2h＝600Wh

3 (1) 0.5A

(2) 5W

(3) 9000J

(4) 8400J

(5) 熱の一部が逃げたため。

> **考え方** (3) 5W×(30×60)s＝9000J
>
> (4) 4.2J/g·℃×200g×10℃＝8400J
>
> (5) 電熱線で発生した熱は，すべて水の温度を上昇するために使われるわけではなく，逃げてしまうものもある。

4 (1) A　　(2) 一定ではない。

(3) B　　(4) 一定である。

単元3	電流のはたらき

9章 電流と磁界

✔ 基本チェック　　P.111・P.113

① (1) 磁界　　(2) N

(3) 磁力線

(4) ①N　　②S

(5) ①強　　②弱

(6) ねじを回す

(7) イ　　(8) 電流

> **考え方** (4) 磁力線は，N極から出てS極に入るようになっている。

② (1) 東から西　　(2) 西から東

(3) 逆になる。

(4) ①強くなる。　　②強くなる。

---

③ (1) ア　　(2) 逆になる。

(3) 逆になる。

(4) 電流の大きさ，磁界の強さ（順不同）

(5) モーター

④ (1) 磁界　　(2) 誘導電流

(3) ①流れない。　　②流れる。

(4) 電磁誘導　　(5) 逆になる。

(6) 大きくなる。

🌱 基本ドリル　　P.114・115

1 (1) ①磁力　　②磁界

(2) N極

(3) ①N極　　②S極

(4) 強い

2 (1) 下の図

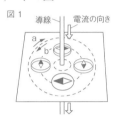

図1　導線　電流の向き

(2) a

(3) Aの場合…エ　　Bの場合…ア

> **考え方** (1), (2)電流の向きに右ねじを進ませるときの，ねじを回す向きが磁界の向きになる。

3 エ

4 B…逆　　C…逆

D…同じ

> **考え方** Bは，電流の向きが逆になっている。Cは，磁界の向きが逆になっている。Dは，電流の向きと磁界の向きの両方が，逆になっている。

5 (1) 電磁誘導　　(2) ア

(3) ウ

> **考え方** (3) ア　棒磁石を動かす方向が逆なので，流れる電流の向きは逆になる。
>
> イ　磁石の極が逆なので，流れる電流の向きは逆になる。
>
> ウ　磁石の極が逆で，棒磁石を動かす方向も逆なので，流れる電流の向きは同じになる。

1 (1)　b
(2)　B点…イ　　　C点…ウ
(3)　B点

考え方 (1), (2)　磁界の向きは，磁石のN極
から出てS極に入るようになってい
る。
(3)　磁力線の間隔（かんかく）がせまいところほ
ど，磁界が強い。

2 (1)　下向き
(2)　イ　　(3)　b　　(4)　イ

考え方 (1)　ABとCDでは，流れる電流の
向きが逆になっているので，受ける
力の向きもABとCDでは異なる。
(3)　電流の流れる向きは，半回転
（180°回転）ごとに変わる（B→Aか
らA→Bに変わる）。

3 (1)　下の図

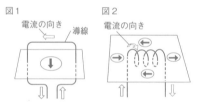

(2)　図3…ア　　図4…ア

考え方 (2)

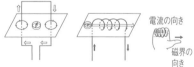

平面上に図のような　　平面上に ⇒ の方向に
磁界ができればよい。　磁界ができればよい。
よって，電流の向き　　電流の向きは → の方
は ⇒ の方向となる。　　向となる。

4 (1)　磁界（の強さ）
(2)　逆になる。
(3)　ふれない。
(4)　速く動かしたとき。

考え方 (2)　コイルを動かす向きを逆にする
と，磁界の変化のしかたが逆になり，
流れる電流の向きも逆になる。

(4)　磁石による磁界の強さが同じで
も，コイル内の磁界の変化の速さが
速いほど，流れる電流は大きくなる。

1 (1)　図1…ア　　図2…ア
(2)　大きくなる。　　(3)　強い

考え方 (1)　下の図のような関係になってい
る。

電流の向き
右ねじの　　右ねじの
進む向き　　回る向き
磁界の向き

(2)　電流が大きくなると，導線のま
わりの磁界も強くなり，磁針のふれ
も大きくなる。

2 (1)　ア…○　　イ…○　　　ウ…×
(2)　①大きくなる。　　②大きくなる。

考え方 (1)　コイル内の磁界が変化すると，
電流が流れる。アは磁界が強くなり，
イは弱くなる。ウは変化しない。

3 (1)　磁界　　(2)　カ
(3)　①ウ　　②ウ　　　③ア
(4)　①小さくなる。
②大きくなる。
(5)　モーター

考え方 (2)　電流は，電源の＋（プラス）極から流れ出
るから，コイルでは，q側からp側
の向きに流れる。導線のまわりにで
きる磁界の向きは，電流の向きに右
ねじを進ませるときの，ねじを回す
向きと同じである。
(3)　②U字形磁石のN極とS極を逆
にして置くと，磁石の磁界の向きが
逆になるので，コイルが受ける力の
向きも逆になる。さらに，③電流の
向きも逆にすると，コイルが受ける
力の向きは，アの向きにもどる。

(4) 磁界の中で電流が受ける力は，電流が大きくなるほど大きい。
①抵抗器の直列つなぎでは，回路全体の抵抗は各抵抗器の抵抗の和になるから，電熱線1本のときより大きい。電源の電圧は変わらないので，コイルを流れる電流は小さくなり，コイルが受ける力は小さくなる。
②並列つなぎでは，全体の抵抗は各抵抗器の抵抗より小さくなり，コイルを流れる電流は大きくなるから，コイルが受ける力は大きくなる。

発展ドリル 🌱 ② P.120・121

1 (1) A (2) ケ
(3) N極 (4) ア

考え方 (1) コイルの左端に置いた磁針Xが，ウの向きをさして止まったことから，コイルの左端がS極であることがわかる。
(2) 磁針Yの右側を通る導線には，図の下から上に向かって電流が流れている。
(4) 電流の向きが逆になると，できる磁界の向きも逆になる。

2 (1) イ (2) N極からS極
(3) c (4) 大きくなる。

考え方 (3) 磁石による磁界と電流による磁界は，a側で強め合い，c側で弱め合っているので，cの向きに動く。
(4) 電流を大きくすると，コイルが受ける力が大きくなる。

3 (1) 誘導電流 (2) 左
(3) ①速くする。 ②多くする。

考え方 (2) コイルに近づける極が変わると，流れる電流の向きも逆になる。
(3) ①コイル内の磁界の変化が大きくなると，誘導電流も大きくなる。

4 (1) 電流…a 磁界…c
(2) BからAに動く。

考え方 (1) 電流は，電源の＋極から流れ出て－極に向かって流れる。
(2) 磁石を逆にすると，磁石の磁界の向きが逆になるので，電流による磁界と強め合う向き，弱め合う向きも逆になる。

まとめのドリル ① P.122・123

1 (1) （電球）B (2) 100W
(3) 2400J (4) 60Wh

考え方 (1) 電力(W)は，電圧×電流で求められるので，電球A・Bに加わる電圧が同じときは，消費電力の大きい方に，大きい電流が流れる。
(2) 40W＋60W＝100W
(3) 40W×60s＝2400J

2 (1) イ (2) 磁界
(3) A…ア B…ア C…イ

考え方 (3) 電流の向きに右ねじを進ませるときのねじを回す向きが，磁界の向きである。

3 (1) c (2) 大きくなる。
(3) エ

考え方 (2) 流れる電流を大きくすると，電流による磁界は強くなるため，導線の受ける力も大きくなる。
(3) 図2は電流が流れていないので，磁針のN極は北をさしている。電流を流すと，導線の下には，図の上から下の向きに磁界ができ，磁針のN極は下向きになる。導線から離れていて磁界が弱いと，磁針は少し北を向く。

4 (1) イ (2) 電磁誘導
(3) 流れない。
(4) ①速くする。 ②強くする。 ③多くする。

まとめのドリル
② P.124・125

1 (1) 誘導電流　(2) イ

(3) （自転車を速くこいで）磁石を速く
回転させる。

考え方 (2) 磁石の極が変わると，流れる電
流の向きも逆になる。

(3) 自転車の発電機の磁石を速く回
転させると，磁界の変化が大きくな
るので，流れる電流も大きくなる。

2 (1) A

(2) つかない。

3 (1) 500W　(2) 15000J

(3) 2.5kWh

考え方 (3) 500W×5h＝2500Wh＝2.5kWh

4 (1) ア

(2) ①コイル（導線）　②a

(3) ウ

定期テスト対策問題(6) P.126・127

1 (1) 7A

(2) 電力…700W　熱量…42000J

(3) 電力…大きくなる。
時間…短くなる。

考え方 (1) $\dfrac{700W}{100V}＝7A$

(2) 700W×60s＝42000J

(3) 表示してある電力が大きいもの
ほど，はたらきも大きい。ポットの
場合は，はたらきが大きいほど，発
生する熱量も大きいので，短時間で
お湯を沸かすことができる。

2 (1) 現象…電磁誘導
電流…誘導電流

(2) イ

考え方 (2) 発光ダイオードが光るのは，コ
イルの右端がN極になるときである。

3 (1) イ

(2) 同じ向きに動く。

(3) ①大きくする。
②強くする。

考え方 (2) 電流の向きを逆にし，磁石の向
きも逆にすると，図の矢印と同じ向
きに動く。

(3) ②磁界が強くなるほど，受ける
力も大きくなる。

(4) アの電熱器は，電力を熱に変え
る装置，イの発電機は，運動を電力
に変える装置，エの電磁石は，電流
によって生じる磁力を利用した装置
である。

4 記号…エ
変化…磁界（の強さ）

考え方 コイルに入れる棒磁石の極を変えた
とき，流れる電流の向きは逆になる。
また，誘導電流は，コイル内の磁界
の強さが変化するときだけ流れる。

2305R3